U0831643

国家自然科学基金青年项目(41401397)资助
江苏省自然科学基金青年项目(BK20140237) 资助
江苏省农业科技自主创新资金项目(CX(13)3056)资助

设施作物遥感监测原理与方法

王李娟 张桂民 徐 璐 康婷婷
孔钰如 樊继德 杨 峰 储新民 著

中国矿业大学出版社

内 容 提 要

随着科学技术的不断发展，设施农业对栽培技术、管理水平和设施水平等要求越来越高，遥感技术能够为农学参数的监测提供一种快速无损的方法，可以对设施作物的长势、营养信息及其生长过程进行精确监测，判断作物的生长状态，进而实现基于作物生长需求的精确调控。本书主要采用遥感技术对设施作物长势监测、病虫害监测以及土壤墒情等的监测原理以及采用的相关方法开展了一系列研究。

本书可作为高等学校地学、环境、农业、遥感等领域的本科生或研究生的教材或参考书，也可作为相关专业领域从事科学研究与业务应用的参考书。

图书在版编目(CIP)数据

设施作物遥感监测原理与方法 / 王李娟等著. —徐州：中国矿业大学出版社，2017.10

ISBN 978-7-5646-3401-8

Ⅰ. ①设… Ⅱ. ①王… Ⅲ. ①遥感技术—应用—设施农业—作物监测 Ⅳ. ①S31②S127

中国版本图书馆 CIP 数据核字(2016)第322408号

书　　名 设施作物遥感监测原理与方法

著　　者 王李娟　张桂民　徐　璐　康婷婷　孔钰如　樊继德　杨　峰　储新民

责任编辑 杨　洋

出版发行 中国矿业大学出版社有限责任公司

（江苏省徐州市解放南路　邮编 221008）

营销热线 (0516)83884103　83885105

出版服务 (0516)83995789　83884920

网　　址 http://www.cumtp.com　**E-mail**:cumtpvip@cumtp.com

印　　刷 江苏凤凰数码印务有限公司

开　　本 787×1092　1/16　**印张** 8.25　**字数** 250 千字

版次印次 2017 年 10 月第 1 版　2017 年 10 月第 1 次印刷

定　　价 33.00 元

前　言

设施农业是近几年发展起来的对栽培技术、管理水平和设施水平要求较高的一种新型农业生产方式，通过温室及其配套装置调节和控制作物生长的环境条件，从而使作物处于最佳生长状态，具有高投入、高产出、高质量、高效益的特点。设施农业的发展为提高农民收入、振兴地方经济和改善人民生活水平提供了支撑，逐步受到国家和地方政府的大力关注。

目前我国设施农业发展迅速，设施面积已经超过400万公顷，总面积世界第一，对促进农村经济发展起到了巨大的推动作用。但是设施环控装备水平较差，水肥和环境调控主要依靠传统经验，或按照设定值进行调控，未考虑或尚难全面、精确地监测作物的生长信息及其动态变化过程，无法依据作物的真实需求进行动态调控。因此，迫切需要对设施作物的长势、营养信息及其生长过程进行精确监测，判断作物的生长状态，实现基于作物生长需求的精确调控。遥感技术为农学参数的监测提供了一种快速、无损的方式。遥感手段能够客观反映农作物种植及生长状况，已经成为农作物生长信息获取的一种重要手段，得到了广泛的应用。利用遥感数据可以及时获得农作物的生长信息，包括种植面积、长势、病虫害、土壤墒情等，并得到普遍认可。

全书包括6章内容。第1章绪论，介绍了我国设施农业总体情况，总结了遥感技术在设施农业监测中的作用，由王李娟、樊继德、杨峰、储新民撰写；第2章设施作物遥感监测数据源，介绍了用于设施作物遥感监测的卫星和地面平台等数据来源，由王李娟、孔钰如撰写；第3章遥感数据预处理，分析了遥感数据预处理的操作处理步骤和流程，以及简单介绍了常用的遥感数据处理相关软件，由王李娟、孔钰如撰写；第4章作物长势遥感监测原理与方法，介绍了作物长势遥感监测的机理和相关研究方法，由康婷婷撰写；第5章作物病虫害遥感监测原理与方法，介绍了作物病虫害遥感监测机理、作物病虫害光谱特征提取、作物病虫害类型诊断和病虫害程度估算方法等，由王李娟撰写；第6章土壤墒情遥感监测原理与方法，介绍了土壤墒情遥感监测的机理及相关方法，由徐璐撰写。全书由王李娟、张桂民统稿。

本书的出版得到了国家自然科学基金青年项目(41401397)、江苏省自然科学基金青年项目(BK20140237)、江苏省农业科技自主创新资金项目(CX(13)3056)的资助,在此向有关基金委员会表示衷心的感谢。

由于撰写时间仓促以及作者水平所限,书中内容和观点难免存在不当之处,恳请读者批评指正。

作　者

2017年6月

目　　录

第1章 绪　论

近年来，随着我国经济的快速发展，以低投入、低产出、低收益为特征的传统农业模式已不再适应我国国情发展的需要。为适应我国农情发展，早日实现两个百年目标，国家“十三五”规划提出了众多关于促进我国农业健康发展的规划措施，其中关键措施之一就是通过大力发展设施农业，加快我国现代化农业的建设进程[1]。

随着科学技术的迅猛发展，农业发展所要求的技术含量也越来越高，设施农业能够根据农作物的生长需求，利用综合性的技术手段为农作物创造最佳的生长条件，从而生产出高产优质的农作物[2]。与其他方法相比，遥感技术具有宏观、客观、实时、经济等特点，已经成为设施农作物监测的重要手段，遥感技术的应用可以大大节省人力、物力、财力和时间，性价比较高，能获得较高的经济效益和社会效益。

遥感技术已经广泛应用到精准农业中，给农业管理带来了革命性的改变。当前农业管理的内容包括施肥、除虫、估产、作物生长状态监视等，都可以通过遥感技术进行监测。遥感技术基于光谱信息的采集，可以发现人眼观察不到的信息，比如病虫害感染、营养缺失、农药残留等，已经广泛应用于农业管理。

1.1 设施农业概述

1.1.1 设施农业定义

设施农业，是指通过采用现代化农业工程和机械技术，改变自然环境，提供相对可控制的温度、湿度、光照、水肥和空气等环境条件，在一定程度上摆脱对自然环境的依赖，进行有效生产的农业活动[3]。

广义上的设施农业不仅包括种植业，还包括设施园艺和设施养殖业等。然而狭义上通常所说的设施农业则专指设施农作物种植业。另外，不同国家对设施农业的称谓也有所不同，欧洲、日本等国家通常使用“设施农业”(Protected Agriculture)这一概念，美国等则通常使用“可控环境农业”(Controlled Environmental Agriculture) 一词[2]。

1.1.2 设施农业特点

设施农业是随着人们对生活需求质量的不断提高发展起来的，是在人为可控环境保护设施下的农业生产，是目前最具有活力的现代新农业形式。设施农业以工业化的生产方式，建造人工设施，改变气候条件，提高农作物抵御自然灾害的能力，改良生物特性，使农作物实现错季或反季节生产，达到农作物均衡生产的目的[4-5]。

设施农业是高效农业，也是一门多学科交叉的应用性学科，是机械技术、工程技术、计算机技术、现代信息技术和生物技术交叉融合的产物。它具有如下几个特点[6]：

(1) 高投入、高产出的技术和劳动密集型产业

设施农业产业是一项高投入的产业,以日光温室为例,最简易的竹木结构日光温室,每亩造价在2.2万元以上,尚不包括水、电、路等基础设施建设。建设现代日光温室的成本甚至已达到300元/m^2,如此计算建设一亩地的现代日光温室成本就在20万元以上。

同时,设施农业也是高附加值、高产出的现代化产业。根据抽样调查分析显示,设施农业生产的年综合平均产值1.3万元/亩,年净产值1万元/m^2,比露地生产高3～5倍。经济效益较高,比如花卉亩产值能达到10万元以上。

(2) 人工创造适宜小气候,反地域、反季节进行农业生产

设施农业中的温度、光照、湿度、水肥、土壤条件、植物营养以及综合环境条件都可以调控,因此可以根据当地气候、地理、人文和社会、经济条件自主选择设施类型、栽培作物、设施设备和技术,进行实时实地的农业生产,从而可以创造植物生长的适宜环境,提高农业生产率,在一定程度上摆脱了种植对气候条件的依赖。

(3) 有利于高效利用资源,建设节约型社会

我国是一个水资源和土地资源严重缺乏的国家,人均水资源是世界人均水平的1/4,人均耕地是世界人均水平的1/3,而且,在我国的经济发展过程中还存在资源严重浪费和不合理利用现象。设施农业借助现代化农业设施、设备、计算机技术,有助于实现资源有效利用,节约能源,实现可持续发展。

(4) 有利于促进农业产业化、现代化、集约化和标准化

设施农业涉及多门学科,依托现代生物技术、现代工程技术、现代信息技术和现代管理技术,可以在很大程度上把握植物生长规律,为植物生长创造最佳环境条件,克服自然因素的制约。同时,设施农业可人工调配资源,实现资源的合理配置,发挥农业资源的最大效益,结合现代化农业设备和计算机技术,吸收高科技人才、现代化设备和管理经验,最终实现设施农业现代化和标准化生产。

1.1.3 我国设施农业发展概况

20世纪50年代,我国从苏联引进保护地栽培技术,可称之为设施农业的雏形。然而受制于设施条件和技术手段,设施农业发展十分缓慢,难成规模。至20世纪60年代末,我国北方大中城市郊区初步形成了由简单覆盖、风障、阳畦和温室等构成的一整套保护地生产技术体系。随后,地膜覆盖技术由日本引入我国,并很快得到推广,对保温、保墒、保肥等起到了很大的作用。此外,以日光温室、塑料大棚和遮阳网覆盖栽培为代表的设施园艺取得了长足进步,最终形成了以塑料大棚为主的与风障、地膜覆盖、阳畦、温室等相配套的保护地蔬菜生产体系。发展至20世纪90年代,我国较大规模地引进国外大型连栋温室及配套栽培技术,设施农业也以超时令、反季节的设施园艺作物生产为主迅猛发展,设施农业形式主要包括塑料大棚、日光温室和连栋温室等。随着时代的变迁,设施结构也由简单到复杂,设施功能由单一到综合,现在已形成多种类型,较为普遍采用的模式有简易覆盖型(主要以地膜覆盖为典型代表)、简易设施型(主要包括中小拱棚)、一般设施型(如塑料大棚、加温温室、日光温室以及微滴灌系统等)和工厂化农业。其中以节能日光温室、普通日光温室和塑料大棚发展最快[2,7]。

近年来,在政府政策的大力引导下,越来越多的农民积极加入到设施农业发展的队伍中,设施农业也从以前的小面积种植过渡到大面积种植的阶段。目前我国设施农业发

展已经形成一定的规模，主要表现在两个方面：第一，设施农业的种植面积越来越大；第二，农民发展设施农业的意识进一步提高。设施农业具备一定的技术，无土栽培技术、生物防治技术和自动控制技术等已经运用于设施农业，推动了设施农业的发展。另外，对设施农业的管理，不再是粗放型管理，而是采用了现代化、集约化和系统化的管理方式[8]。

2012年，我国设施农业面积已占世界总面积的85%以上，其中95%以上是利用聚烯烃温室大棚膜覆盖。我国设施农业已经成为世界上最大面积利用太阳能的工程，绝对数量优势使我国设施农业进入量变质变转化期，技术水平越来越接近世界先进水平。

截至2016年年底，我国设施农业面积达208万 hm^2，其中连栋温室40 500 hm^2，所占比例为2.00%，连栋温室是高投入、高产出、高效益的温室类型，主要用于种植花卉、育苗等附加值较高的品种；日光温室696 600 hm^2，所占比例为33.00%，是全国温室设施的第二大类型，主要分布于东北、华北等北方地区；塑料大棚132万 hm^2，所占比例为63.50%，使用比例最大，是全国温室设施的第一大类型，主要分布于华南、华东等南方地区。2016年全国设施农业机械化水平为30.18%，其中，耕整地机械化水平为70.90%，种植机械化水平为11.73%，采运机械化水平为5.87%，灌溉施肥机械化水平为49.49%，环境调控机械化水平为25.10%。从各省设施农业机械化水平来看，江苏设施农业机械化水平最高，为40.86%；新疆兵团其次，为37.75%；贵州设施农业机械化水平最低，为19.63%。南方地区则大力推广塑料大棚和遮阳网栽培，解决了夏季防雨冬季降温问题。使得全国各地蔬菜供应均衡稳定，人均占有量已达到240～250 kg[9]。

设施栽培产量是露天种植产量的3.5倍，我国人均耕地面积仅为世界人均耕地面积的40%，因此发展设施农业是解决人多地少制约可持续发展问题的最有效的技术工程。设施农业的发展基本上解决了我国长期以来蔬菜供应不足的问题，并实现了全年均衡供应，达到了淡季不淡、周年有余的要求。

我国多地区建立了国家级的生态建设示范区和绿色农业示范区，农业生产方式转型和农业生产结构调整方法面临新的发展机遇[10]。就目前设施农业发展情况而言，我国设施农业发展趋势主要有[11,6]：

(1) 高科技含量不断提高

随着高科技手段在设施农业产业中的不断渗透，设施农业技术高科技含量日益提高，设施农业不仅使用先进的无土栽培技术，无线传感器网络技术和遥感技术等也被逐步推广。

(2) 节能减排

合理规划，优化产业结构；使用节能设备与技术，提高能源转换利用率，减少设备能耗；提高管理水平，减少粗放管理中的能源浪费；进一步提高设施作物种植技术和单位能耗的农作物产量。

(3) 设施环境控制水平进一步提高

研究适合我国气候特点的设施作物现代化环境智能调控模块，从经验、定性、传统的管理技术转换为定量、智能的精细管理模式，做到精细化管理，提高设施作物生产力。

1.2 遥感技术概述

1.2.1 遥感的定义

遥感(remote sensing,RS)即遥远的感知。遥感技术是20世纪60年代兴起的一种探测技术,是根据电磁波理论,应用各种航空、航天及地面遥感平台搭载的传感仪器,对远距离目标所辐射或反射的电磁波信息进行收集、处理,并最后成像,从而定性、定量地揭示地面物体的特征及其变化的综合性探测技术[12]。

遥感是一种对地面探测的科学技术,通过非直接接触的方式进行目标信息数据的获取。对于遥感的理解有广义和狭义两种方式[13]。

广义的遥感是指在与目标物体不直接接触的条件下,对该物体进行远距离的探测的各种技术。广义遥感的探测技术有很多种,比如电磁波、机械波、力场等探测方法,物体的信息可以通过采用这些探测方法探测到物体发生的变化得到。例如,采用重锤线检验墙身是否竖直;利用变化的磁场可以产生电场的原理,发明了发电机。实际情况下,遥感采用电磁波进行探测,而重力、机械波等探测的方法被划分到物理探测的范畴。

狭义的遥感指在远距离和不直接接触物体的条件下,使用传感器感应和记录目标物体散射、辐射或者反射的电磁波信息,对所得的数据进行处理和分析,从而将其应用到实际中的一门科学技术。

1.2.2 遥感的分类

目前遥感的分类方法没有一个统一的标准,可以根据遥感的对象、遥感平台高度、传感器的探测波段、传感器工作方式、成像波段的宽度与数量、遥感资料的记录方式、遥感应用领域、所选波的性质以及应用的空间尺度等进行分类[13-15]。

1.2.2.1 按遥感的对象分类

(1) 宇宙遥感:遥感的对象是宇宙中的天体和其他物质的遥感。

(2) 地球遥感:是对地球和地球事物的遥感。

1.2.2.2 按遥感平台高度分类

(1) 地面遥感:传感器设置在地面平台上,高度在100 m以下,常用的地面遥感平台有遥感车、三脚架、车载、船载、手提、固定或活动的高架平台等,可以对地面、水下目标或地下进行探测。地面遥感是遥感的基础,具有基础性和服务性的特点,例如测定和收集地物波谱可以通过在遥感平台上设置辐射计实现。

(2) 航空遥感:传感器设置在飞机、气球等平台上,高度在100 m以上,100 km以下,可以在空中进行各种探测,广泛应用于摄影测量、资源调查等领域。它的特点是灵活性大、影像清晰、分辨率高,具有较完善的理论和应用体系。它可以进行各种遥感实验与校正工作。

(3) 航天遥感:传感器设置在航天飞行器上,如航天飞机、卫星、太空站等,在地球表面上进行探测。飞行高度在240 km以上,其中高度最高的是气象卫星GMS代表的静止卫星。它的特点是成像高度尺寸大、宏观性好,可重复观测、影像获取速度快、不受沙漠和冰雪等恶劣自然环境的限制。在航天遥感中,主要采用卫星遥感方式进行探测,达到对地球和低层大气进行光学和电子观测的目的。

(4) 航宇遥感：传感器设置于星际飞机上，指对地月系统外的目标的探测。

1.2.2.3 按传感器的探测波段分类

(1) 紫外遥感：探测波段在 0.10～0.38 μm 之间，主要收集和记录目标物的紫外辐射能。

(2) 可见光遥感：探测波段在 0.38～0.76 μm 之间，收集和记录目标物发射或反射的可见光辐射能。

(3) 红外遥感：探测波段在 0.76～1 000 μm 之间，收集和记录目标物发射或反射的红外辐射能。当今，红外遥感主要有两个研究与应用领域：

① 反射红外遥感：探测波段在 0.76～3 μm 之间，是反射红外波段，它与可见光遥感共同的特点——其辐射源是太阳，在这两个波段上只反映地物对太阳辐射的发射，根据地物发射率的差异，可以获得有关目标物的信息。

② 热红外遥感：探测波段在 6～15 μm 之间，指通过红外敏感元件探测物体的热辐射能量，显示目标的辐射温度或热场分布。地物在常温（约 300 K）下热辐射的绝大部分能量位于此波段，在此波段地物的热辐射能量大于太阳的发射能量。热红外遥感具有昼夜工作的能力。

(4) 微波遥感：探测波段在 1 mm～1 m 之间。通过接收遥感仪器本身发生的电磁波束的回波信号，对物体进行探测、识别和分析。微波遥感的特点是对云层、地表植被、松散沙层和干燥冰雪具有一定的穿透能力，又能夜以继日地全天候工作。

(5) 多波段遥感：指探测波段在可见光和红外范围内，把目标物辐射来的电磁辐射分割成若干个窄的光谱带，然后同步观测，同时得到一个目标物不同波段的多幅影像。

1.2.2.4 按传感器工作方式分类

(1) 主动遥感：又称有源遥感，是指从遥感平台上的人工辐射源向目标发射一定波长的电磁波，同时传感器接受目标物反射或散射回来的电磁波，以此所进行的探测。比如雷达、闪光摄影等。

(2) 被动遥感：又称无源遥感，是指遥感传感器接受目标自身辐射或反射太阳辐射的电磁波信息而进行的探测或者系统本身不具有接收辐射源的能力。比如航空摄影系统、红外扫描系统等。

1.2.2.5 按成像波段的宽度与数量分类（或按波段宽度和波谱连续性分类）

(1) 多光谱遥感：把光谱分成几个或十多个较窄的波段来同步接收信息，单一图像的波段宽度一般在几十至几百纳米之间，可同时得到一个目标不同波段的多幅图像。

(2) 高光谱遥感：把光谱分成几十甚至数百个很窄的连续的波段来接收信息，每个波段宽度可小于 10 nm。

1.2.2.6 按遥感资料的记录方式分类（或者信息记录表现形式）

(1) 成像遥感：传感器接收的目标电磁辐射信号强弱不同，可以根据信号的强弱转换成不同的色调，从而构成直观的图像。比如航空相片、卫星影像等。

(2) 非成像遥感：传感器接收的目标电磁辐射信号不能直接转换成图像的形式，需要转换成数字化或者模拟信号形式输出，或者记录在以磁盘等记录方式的形式输出。

1.2.2.7 按遥感应用领域分类

由于应用领域和目的不同，遥感应用领域分类可以有多种方式。例如从大的研究领域可分为外层空间遥感、大气层遥感、陆地遥感、海洋遥感等；根据具体应用领域或应用目的可分为资源遥感、环境遥感、农业遥感、林业遥感、城市遥感、海洋遥感、地质遥感、气象遥感和军事遥感等。当然，还可以划分为更细的专业领域进行专题研究。

1.2.2.8 按应用空间尺度分类

根据遥感应用的空间尺度大小可以分为全球遥感、区域遥感和城市遥感等类型。

全球遥感是指利用遥感进行全球范围内的探测，可以研究全球性的资源和环境问题，针对人为和自然因素造成的全球性环境变化以及整个地球系统的行为。

区域遥感是主要针对区域范围内的信息提取以及规划进行的探测，研究的范围相对于全球遥感较小，更加贴近生活。

城市遥感主要针对城市的绿化建设、城市空间、大气污染等问题进行的探测。虽然城市遥感的范围比前两种遥感小，但是在实际生活中有着很重要的作用，可以实现对城市生态环境的动态监测。

此外，近年来还出现了新型的激光遥感技术。激光遥感是指运用紫外、可见光和红外的激光器作为遥感仪器进行对地观测的遥感技术，属于主动式遥感。地面激光扫描仪和配套的专业数码相机融合了激光扫描和遥感等技术，可以同时获取三维点云和彩色数字图像两种数据，扫描精度达到 5～10 mm。激光遥感是高效率空间数据获取方面的研究热点所在，目前，广泛应用于古代建筑重建与城市三维景观、模拟现实和仿真、资源调查和灾害管理等方面。

1.2.3 遥感的特点

遥感的出现扩充了人类对于生存环境的认识能力，与常规信息采集方式相比，遥感技术在信息获取上具有明显的优势，主要表现在以下几个方面[13,15]：

(1) 非接触性，覆盖范围广

通过遥感的定义可以看出，遥感是通过传感器接收物体散射或者反射的信息，从而做出相应的处理，最终得到相应结果的。因此，遥感是不直接接触物体的。由于遥感是远距离接触物体，所以对于危险的地区，比如洪水区、地震灾害区等，可以采用遥感观测的方法获取一些影像资料，从而得到一些信息。对于人类难以到达的自然环境恶劣的地区，同样可以使用遥感进行图像的获取和信息的提取。

遥感的空间覆盖范围非常广阔，可以大面积同步监测。遥感平台越高，视角越宽广，可以同步观测到的地面范围也越大。当航天飞机和卫星在高空对地球表面目标进行遥感观测时，所获取的卫星图像要比近地面航空摄影所获取的视场范围大得多，并且不受目标地物周围的地形影响。

(2) 信息量大，具有宏观性

根据不同需求，遥感技术可选用不同波段和传感器来获取信息。遥感可提供丰富的光谱信息，即不仅能获得地物可见光波段的信息，而且可以获得紫外、红外、微波等波段的信息。遥感所获得的信息量远远超过了可见光波段范围所获得的信息量，这无疑扩大了人们的观测范围和感知领域，加深了对事物和现象的认识。

宏观性同时也是综合性。遥感观察的视场广、信息丰富，效率高，尤其可以显现仅依靠局部细节所不能表现出的对象的特征。

(3) 现势性强，具有连续监测的特点

现势性又称为时效性，遥感可以及时有效地获取目标物的变化和现状。获取信息速度快，周期短，具有动态和连续监测能力。遥感能动态反映地面事物的变化。尤其是航空航天遥感，可以在短时间内对同一地区进行重复性、周期性的探测，有助于人们通过所获取的遥感数据，发现并动态地跟踪地物目标的动态变化。例如，美国 Landsat、法国 SPOT 和中巴合作生产的 CBERS(中巴地球资源卫星)等地球资源卫星系列分别以 16 d、26 d 和 4～5 d 为周期对同地区重复观测，以获得一个重访周期内的地物表面的目标变化数据。同时，遥感还被用来研究自然界的变化规律，尤其是在监测天气状况、自然灾害、环境污染等方面，充分体现了其优越的时效性。

(4) 应用领域广，经济性强

遥感已广泛应用于环境监测、资源勘测、农林水利、地质勘探、环境保护、气象、地理、测绘、海洋研究和军事侦察等领域，深入到很多学科中，且应用领域不断扩展。由于遥感的观察范围大和信息处理的自动化，可使许多应用领域中的科研和生产的成本极大降低。因此，遥感在很大程度上节省了人力、物力和财力，性价比较高，能获得较高的经济效益和社会效益。

目前，遥感技术正在不断地向高光谱、高空间分辨率和高时间分辨率的方向发展。虽然遥感技术具有其他技术不可替代的优势，但是仍存在一定的不足之处，主要表现在以下方面：

(1) 遥感技术本身的局限性

由于地球表面和传感器的复杂性，遥感技术自身也存在一定的局限性。

① 传感器的定标、遥感数据的定位、遥感传感器的分辨力等存在一定的局限，这就需要在实际应用中采取针对性措施减少遥感技术的局限带来的问题。

② 遥感技术在电磁波谱中仅反映地物从可见光到微波波段电磁波谱的辐射特性，而不能反映地物的其他波谱段特性。因此，它不能代替地球物理和地球化学等方法，但它可与其集成，发挥信息互补效应。

③ 遥感主要利用电磁波对地表物体特性进行探测，目前遥感技术仅是利用其中一部分波段范围，许多电磁波有待开发，且在已经利用的这部分电磁波光谱中并不能准确地反映地物的某些细节特征。

④ 遥感所获取的是地表各要素的综合光谱，主要反映地物的群体特性，并不是地物的个体特性，细碎的地物和地物的细节部分并不能得到很好反映。

⑤ 卫星遥感信息主要反映的是近地表的现象、区域和运动状态等。这一局限性与人类在地球科学和其他科学研究中不断向地下深处发展之间产生了矛盾。这个矛盾使得遥感技术在不同行业和领域的应用程度可能会因应用领域的深入而受到影响。

⑥ 卫星遥感信息获取过程的确定性与信息应用反演时的不确定性产生了明显的矛盾，使卫星遥感技术在各领域的深入应用受到一定的影响。

(2) 工作量大，周期长

遥感图像的解译有两种方法：目视解译和自动解译。一般来说，遥感图像的自动解译要比人工目视解译误差大,精度也较低,但是如果全部采用人工目视解译,则工作量较大,周期也较长。此外,遥感应用中通常需要地物的社会属性,但是遥感技术并不能直接获取地物的社会属性,仅能通过采用实地调查等间接手段来获取,同样也存在较大的工作量和较长的周期。

(3) 遥感图像处理技术不能满足实际需要

遥感图像解译后获得的往往是对地物的近似估计信息,这就导致解译的信息与地物实际状况之间存在一定的误差。此外,由于同一地物在不同时间、不同地点和不同天气状况下的反射率并不完全相同,因此同一遥感传感器获取的地物信息也并不相同。一方面,由于遥感数据的复杂性,使得数据挖掘技术等遥感信息提取方法并不能满足遥感快速发展的要求,导致大量的遥感数据信息无法有效利用;另一方面,遥感图像的自动识别、专题信息提取以及遥感定量反演地学参数的能力和精度等,还不能达到完全满足实际应用的需要。

(4) 容易受天气的影响

由于大气对电磁波的吸收和散射作用以及大气辐射传输模型不确定等因素,天气条件显著影响遥感数据质量,例如大雾、浓云等天气条件下,可见光遥感就会受到很大限制,遥感数据质量会较差。

(5) 数据共享和集成难度大

由于各国获取遥感数据的难易程度不一,且不同的应用领域都有针对性较强的遥感数据需求,这就使得遥感数据在数据共享方面存在一定的难度。此外,遥感作为一种非常有效的数据获取手段,还需要与地理信息系统(GIS)、全球定位系统(GPS)和专家系统(ES)等进行集成,构建多功能型遥感信息技术,提高遥感应用的精度。

1.3 遥感技术在设施作物监测中的作用

遥感技术是精准农业技术体系中获取田间数据的重要技术手段。农业现代化的进程要求组织集约化生产,摸清农业资源现状,监测其变化并预测发展趋势。遥感技术固有的快捷、客观、经济等优越性,使其成为农业生产管理和决策的最好手段。遥感技术主要在精准农业中发挥其信息采集和动态监测的优势[16]。

总体来说,基于遥感技术的设施作物监测主要体现在如下几个方面:

(1) 设施作物面积估算

遥感技术作为高新技术手段,已经有几十年的应用历史,并且日趋成熟。它在解决设施农业统计方面具有很强的应用潜力。“我国资源环境遥感信息系统及农情速报系统”和“农作物种植面积遥感测量技术体系”等是成功应用的典范,将遥感技术应用于设施农业面积估算工作中,对于创新估算手段、提高估算数据质量具有重要的实践意义[17]。及时了解设施农业现状,建立适合设施农业信息数字化提取的人机交互解译测量方法,针对温室、大棚和中小棚种植类温室进行遥感信息提取,并使用高分影像、基层统计数据和基础历史数据对遥感测量结果进行评估和验证。

(2) 设施作物长势、病虫害等信息获取

农作物信息获取是农业监测的重要内容,利用遥感技术可以快速获取设施作物类型和分布。另外,由于水肥缺失、病虫害等导致的植被光谱信息的变化、作物长势信息的变异以及不同生长阶段的生长状况也可以通过遥感数据获取和反演得到。对作物长势、营养信息及其生长过程进行监测，判断作物的生长状态，为基于作物生长信息的设施水肥精确管理提供了参考依据，进而实现作物生长精确调控。

(3) 设施作物土壤墒情监测

传统的土壤墒情监测方法是基于测站的点监测方式，只能获得少量的点上数据，再加上人力、物力、财力等制约，难以迅速且及时获得大面积的土壤水分和作物信息，使得大范围的旱情监测和评估缺乏有效的时效性和代表性，而基于遥感技术的土壤墒情监测方法则是面上的监测，具有监测范围广、空间分辨率高、信息采集实时性强和业务应用性好等优势，可有效弥补地面观测系统成本高、空间覆盖率低和观测滞后的缺点，为各级部门及时、高效提供决策和支持服务。

参考文献

[1] 王甜甜. 我国设施农业发展研究[D]. 荆州：长江大学，2017.

[2] 叶崇文，段茂春，徐娥. 设施农业发展现状及对策探讨[J]. 湖北农业科学，2017，56(22)：4386-4390.

[3] 孟为国. 设施农业及其技术[J]. 江苏农机化，2007(06)：32-33.

[4] 古文海，陈建. 设施农业的现状分析及展望[J]. 农机化研究，2004(01)：46-47，56.

[5] 邹利东，郭航，朱秀芳，等. 设施农业空间分布信息自动提取方法研究[J]. 遥感技术与应用，2014，29(04)：669-674.

[6] 王勉. 高效设施农业发展现状及趋势分析[J]. 经济论坛，2012(02)：108-111.

[7] 张震，刘学瑜. 我国设施农业发展现状与对策[J]. 农业经济问题，2015，36(05)：64-70，111.

[8] 李中华，王国占，齐飞. 我国设施农业发展现状及发展思路[J]. 我国农机化，2012(01)：7-10.

[9] 喻景权. "十一五"我国设施蔬菜生产和科技进展及其展望[J]. 我国蔬菜，2011，1(2)：11-23.

[10] 李凤菊，宋治文，王晓蓉，等. 天津市设施农业科技发展对策研究[J]. 农业科技管理，2013，32(1)：35-37.

[11] 闫生军. 设施农业的发展前景探索与思考[J]. 南方农机，2018，49(16)：151.

[12] 黄诗峰，辛景博，杨永民，等. 旱情遥感监测理论方法与实践[M]. 北京：中国水利水电出版社，2016.

[13] 杨可明. 遥感原理与应用[M]. 徐州：中国矿业大学出版社，2016.

[14] 周军其，叶勤，邵永社，等. 遥感原理与应用[M]. 武汉：武汉大学出版社，2014.

[15] 周廷刚，何勇，杨华，等. 遥感原理与应用[M]. 北京：科学出版社，2015.

[16] 肖志刚，张曙光，么永强，等. 精确农业的现状及发展趋势的研究[J]. 河北农业大学学报，2003(s1)：256-259.

[17] 郭航，李林琳，王艳艳，等. 遥感技术在设施农业统计中的应用[J]. 我国统计，2009(06)：12-14.

第 2 章 设施作物遥感监测数据源

随着遥感监测技术的快速发展，可用于设施作物遥感监测的数据源不断增加。遥感技术是建立在电磁波辐射传输理论基础上的，不同物体具有不同的电磁波辐射特性，遥感数据源按所利用的电磁波的光谱段可分为可见光/红外遥感、微波遥感等类型。

2.1 可见光/红外遥感数据源

可见光/红外遥感主要指利用可见光(0.4～0.7 μm)、近红外(0.7～2.5 μm)以及热红外波段的遥感技术统称。可见光在电磁波谱中只占一个狭窄的区间，波长范围 0.4～0.76 μm，由红、橙、黄、绿、青、蓝、紫色光组成。近红外遥感主要是地表面反射太阳的红外辐射，因此又称为反射红外。摄影时由于受到感光材料灵敏度的限制，目前只能感测 0.76～1.3 μm 波长范围。热红外遥感指通过红外敏感元件，探测物体的热辐射能量，显示目标的辐射温度或热场图像的遥感技术的统称。中红外、远红外和超远红外是产生热感的原因，所以统称为热红外遥感[1]。

根据卫星平台搭载的传感器的光谱分辨率和空间分辨率特性，本书将常用的光学遥感卫星平台划分为多光谱系列卫星、高光谱系列卫星和高空间分辨率系列卫星三类进行分别介绍。

2.1.1 多光谱系列卫星

2.1.1.1 Landsat 系列卫星

Landsat 卫星是美国国家宇航局(NASA)发射的陆地资源卫星，原名叫地球资源技术卫星，1975 年更名为陆地资源卫星(Landsat)。Landsat 卫星是世界上最早发射的地球资源卫星，自 1972 年 Landsat-1 号卫星发射至今，研制并发射了 8 颗四代陆地资源卫星，其中 1993 年 1 月发射的 Landsat-6 卫星没有进入预定轨道，发射失败，其他各卫星参数如表 2-1 所示[2]。

Landsat 系列卫星可划分为一代(Landsat-1、Landsat-2、Landsat-3)、二代(Landsat-4、Landsat-5)、三代(Landsat-6、Landsat-7)和四代(Landsat-8)，其中 Landsat-5、Landsat-7 卫星影像是比较常用的数据，它们的传感器和卫星影像参数如表 2-2 所示[2]。第四代资源卫星 Landsat-8 自 2013 年开始取代 Landsat-7 号卫星进行数据采集，该卫星平台主要搭载有陆地成像仪(OLI)和热红外传感器(TIRS)两个传感器[3]，和 Landsat-7 的设计特征基本相同，所以 Landsat-8 数据可以和 Landsat-7 数据保持一致性和可比性。Landsat-8 传感器具体的参数见表 2-3[2](中国遥感数据网，http://rs.ceode.ac.cn/index.jsp)。

表 2-1　美国 Landsat 卫星参数一览表

卫星名称	Landsat-1	Landsat-2	Landsat-3	Landsat-4	Landsat-5	Landsat-7	Landsat-8
发射时间	1972-07-23	1975-01-12	1978-03-05	1982-07-16	1984-03	1999-04-15	2013-02-11
倾角/(°)	103.143	103.155	103.115 0	98.9	98.2	98.2	98.2(轻微右倾)
卫星高度/km	915	915	915	705	705	705	705
经过赤道的时间	8:50 a.m.	9:30 a.m.	6:31 a.m.	9:45 a.m.	9:30 a.m.	10:00 a.m.	10:00 a.m. ±15′
覆盖周期/d	18	18	18	16	16	16	16
扫幅宽度/km	185	185	185	185	185	185	185
波段数	4	4	4	7	7	8	11
传感器	MSS、RBV	MSS、RBV	MSS、RBV	MSS、TM	MSS、TM	ETM+	OLI、TIRS
运行情况	1978 年退役	1982 年退役	1983 年退役	2001 年退役	2011 年停用	2005 年退役	在役

表 2-2　美国 Lansat-5、Landsat-7 卫星传感器技术参数

卫星名称	传感器	波段序号	波段名称	波长范围/μm	空间分辨率/m	扫描宽度/km	轨道参数
Lansat-5	多光谱扫描仪(MSS)	1	绿色	0.5～0.6	79	185	太阳同步轨道；高度：约 705 km；倾角：约 99°；重访周期：16 d
		2	红色	0.6～0.7			
		3	近红外	0.7～0.8			
		4	近红外	0.9～1.1			
	专题制图仪(TM)	1	蓝色	0.45～0.53	30	185	
		2	绿色	0.52～0.60	30		
		3	红色	0.63～0.69	30		
		4	近红外	0.76～0.90	30		
		5	短波红外	1.55～1.75	30		
		6	热红外	10.40～12.50	120		
		7	短波红外	2.08～2.35	30		
Lansat-7	增强型专题制图仪(ETM+)	1	蓝色	0.45～0.515	30	185	
		2	绿色	0.525～0.605	30		
		3	红外	0.63～0.69	30		
		4	近红外	0.75～0.90	30		
		5	短波红外	1.55～1.75	30		
		6	热红外	10.40～12.50	60		
		7	短波红外	2.09～2.35	30		
		PAN	全色	0.52～0.90	15		

表 2-3　　美国 Landsat-8 卫星传感器技术参数

传感器	波段序号	波段名称	波长范围/μm	空间分辨率/m
陆地成像仪(OLI)	Band1	深蓝	0.433～0.453	30
	Band2	蓝	0.450～0.515	30
	Band3	绿	0.525～0.600	30
	Band4	红	0.630～0.680	30
	Band5	近红外	0.845～0.885	30
	Band6	短波红外	1.560～1.660	30
	Band7	短波红外	2.100～2.300	30
	Band8	全色	0.500～0.680	15
	Band9	卷云	1.360～1.390	30
热红外传感器(TIRS)	Band10	热红外	10.600～11.19	100
	Band11	热红外	11.500～12.50	100

2.1.1.2　中巴系列卫星

(1) 资源一号 01/02 号

资源一号 01/02 号卫星是由中国和巴西联合研制的传输型资源遥感卫星(代号 CBERS)。CBERS-01 卫星于 1999 年 10 月 14 日成功发射，该卫星结束了我国长期以来只能依靠外国资源卫星的历史，标志着我国的航天遥感应用进入了一个崭新的阶段。CBERS-02 卫星于 2003 年 10 月 21 日成功发射(中国资源卫星中心，http://www.cresda.com/CN/)[4]。

CBERS-01/02 卫星携带的有效载荷包括 CCD 相机、宽视场成像仪(WFI)和红外多光谱扫描仪(IRMSS)，CBERS-01/02 卫星轨道参数和有效载荷参数见表 2-4 和表 2-5(中国资源卫星中心，http://www.cresda.com/CN/)。

表 2-4　　CBERS-01/02 卫星轨道参数

参　数	指　标
轨道类型	太阳同步回归轨道
轨道高度/km	778
轨道倾角/(°)	98.5
降交点地方时	10:30 a.m.
回归周期/d	26

(2) 资源一号 04 卫星

资源一号 04 卫星(CBERS-04)于 2014 年 12 月 7 日在山西太原卫星发射中心成功发射。CBERS-04 卫星共搭载 4 台相机，其中 5 m/10 m 空间分辨率的全色多光谱相机(PAN)和 40 m/80 m 空间分辨率的红外多光谱扫描仪(IRS)由中方研制；20 m 空间分辨率的多光谱相机(MUX)和 73 m 空间分辨率的宽视场成像仪(WFI)由巴方研制[5]。CBERS-04 卫星轨道参数和有效载荷参数见表 2-6 和表 2-7(中国资源卫星中心，http://www.cresda.com/CN/)。

表 2-5　　CBERS-01/02 卫星有效载荷参数

有效载荷	波段号	光谱范围/μm	空间分辨率/m	幅宽/km	侧摆能力/(°)	重访时间/d
CCD 相机	1	0.45～0.52	20	113	±32	3
	2	0.52～0.59	20			
	3	0.63～0.69	20			
	4	0.77～0.89	20			
	5	0.51～0.73	20			
宽视场成像仪(WFI)	6	0.63～0.69	258	890	—	3
	7	0.77～0.89				
红外多光谱扫描仪(IRMSS)	8	0.50～0.90	78	119.5	—	26
	9	1.55～1.75				
	10	2.08～2.35				
	11	10.4～12.5	156			

表 2-6　　CBERS-04 卫星轨道参数

参　　数	指　　标
轨道类型	太阳同步回归轨道
轨道高度/km	778
倾角/(°)	98.5
降交点地方时	10:30 a.m.
回归周期/d	26

表 2-7　　CBERS-04 卫星有效载荷参数

载　　荷	谱段号	谱段范围/μm	空间分辨率/m	幅宽/km	侧摆角/(°)	重访时间/d
全色多光谱相机	1	0.51～0.85	5	60	±32	3
	2	0.52～0.59	10			
	3	0.63～0.69				
	4	0.77～0.89				
多光谱相机	5	0.45～0.52	20	120	—	26
	6	0.52～0.59				
	7	0.63～0.69				
	8	0.77～0.89				
红外多光谱相机	9	0.50～0.90	40	120	—	26
	10	1.55～1.75				
	11	2.08～2.35				
	12	10.4～12.5	80			

续表 2-7

载　荷	谱段号	谱段范围/μm	空间分辨率/m	幅宽/km	侧摆角/(°)	重访时间/d
宽视场成像仪	13	0.45～0.52	73	866	—	3
	14	0.52～0.59				
	15	0.63～0.69				
	16	0.77～0.89				

2.1.1.3 环境与灾害监测预报卫星

中国环境与灾害监测预报小卫星星座 A、B 卫星(HJ-1A/1B)于 2008 年 9 月 6 日成功发射，HJ-1A 卫星搭载 CCD 相机和超光谱成像仪(HSI)，HJ-1B 卫星搭载了 CCD 相机和红外相机(IRS)。HJ-1A/1B 卫星轨道参数见表 2-8(中国资源卫星中心，http://www.cresda.com/CN/)，搭载传感器的主要参数如表 2-9 所示[6]。

表 2-8　　HJ-1A/1B 卫星轨道参数

参　数	指　标
轨道类型	太阳同步回归轨道
轨道高度/km	649.093
轨道倾角/(°)	97.948 6
回归周期/d	31
降交点地方时	10:30 a.m. ±30 min

表 2-9　　HJ-1A/1B 卫星搭载传感器参数

平台	有效载荷	波段	光谱范围/μm	空间分辨率/m	幅宽/km	重访时间/d
HJ-1A 星	CCD 相机	1	0.43～0. 52	30	360(单台) 700(两台)	4
	CCD 相机	2	0.52～0.60	30		4
	CCD 相机	3	0.63～0.69	30		4
	CCD 相机	4	0.76～0.90	30		4
	高光谱成像仪(HSI)		0.45～0.95(110～128 个谱段)	100	50	4
HJ-1B 星	CCD 相机	1	0.43～0. 52	30	360(单台) 700(两台)	4
	CCD 相机	2	0.52～0.60	30		4
	CCD 相机	3	0.63～0.69	30		4
	CCD 相机	4	0.76～0.90	30		4
	红外多光谱相机(IRS)	5	0.75～1.10	150	720	4
		6	1.55～1.75	150	720	4
		7	3.50～3.90	150	720	4
		8	10.5～12.5	300	720	4

2.1.2　高光谱系列卫星

2.1.2.1　MODIS 卫星

MODIS (Moderate-Resolution Imaging Spectroradiometer)为中分辨率成像光谱议，是美国对地观测系统 EOS(Earth Observation System)系列卫星上一种主要的传感器。1988 年 MODIS 机载模型器安装到 EOS-AM (上午轨道)和 PM (下午轨道)系列卫星上，从 1999 年 12 月开始正式向地面发送数据。MODIS 是“图谱合一”光学遥感仪器，有 36 个光谱波段，光谱范围宽，从 0.4 μm(可见光)到 14.4 μm(热红外)全光谱覆盖，其地面分辨率为 250 m、500 m 和 1 000 m，扫描宽度为 2 330 km。MODIS 数据具有全球免费、光谱范围广、数据接收简单、更新频率高等特点，具体卫星数据技术指标见表 2-10[7-8]。

表 2-10　MODIS 数据的技术指标

探测器	MODIS		
卫星	EOS-AM(1999)		EOS-PM(2000)
降交点时间	10:30 a.m.		1:30 p.m.
空间分辨率/m	250(Bands1～2)		
	500(Bands3～7)		
	1 000(Bands8～36)		
扫幅/km	2 330(变轨)		
覆盖天数/d	1～2		
量化/bit	12		
波段	36(含陆地波段 13 个)		
陆地波段	波宽/μm	辐射值/[W/(m² · μm · sr)]	信噪比
1	0.620～0.670	21.8	128
2	0.841～0.876	24.7	201
3	0.459～0.479	35.3	243
4	0.545～0.565	29.0	243
5	1.230～1.250	5.4	74
6	1.628～1.652	7.3	275
7	2.105～2.155	1.0	110
20	3.660～3.840	0.45	0.05(Δt_{NE})
21	3.929～3.989	2.38	2.00(Δt_{NE})
22	3.929～3.989	0.67	0.07(Δt_{NE})
23	4.020～4.080	0.79	0.07(Δt_{NE})
31	4.780～11.280	9.55	0.05(Δt_{NE})
32	11.770～12.270	8.94	0.05(Δt_{NE})

2.1.2.2　天宫一号卫星

2011 年 9 月 29 日，我国在酒泉卫星发射中心成功发射了天宫一号目标飞行器，主要搭载了先进的高光谱成像仪、空间环境探测等多种载荷，其中，高光谱成像仪是目前我国空间分辨率和光谱综合指标最高的空间光谱成像仪，其主要应用技术指标见表 2-11，与国际同类产品相比，在空间分辨率、波段范围、波段数目以及地物分类等方面达到国际同类遥感器相同水平[2,9,10]。

表 2-11　　天宫一号高光谱成像仪主要应用技术指标

谱段名称	光谱范围/μm	有效波段数	空间分辨率/m	光谱分辨率/nm	幅宽/km
高光谱全色谱段	0.5～0.8	1	5	—	20
高光谱可见光近红外谱段	0.4～1	64	10	10	10
高光谱短波红外谱段	1～2.5	64	20	23	10
高光谱热红外谱段	—	1	10	—	15

2.1.2.3　高分五号卫星

高分五号(GF-5)卫星于 2018 年 5 月 9 日在太原卫星发射中心成功发射。GF-5 卫星运行在平均轨道高度 705 km、倾角 98.2°的太阳同步轨道，发射质量约 2 800 kg，整星功率 1 700 W，设计寿命为 8 a[11]。高分五号卫星是高光谱观测卫星，是高分专项中唯一一颗实现高光谱分辨率的对地观测卫星，是国家高分辨率对地观测能力的重要标志。高分五号卫星载荷参数见表 2-12[12]。

表 2-12　　GF-5 卫星载荷参数

探测仪器	光谱范围/μm	光谱分辨率	空间分辨率
大气痕量气体差分吸收光谱仪	0.240～0.315	0.3～0.5 nm	48 km(穿轨方向) 13 km(沿轨 方向)
	0.311～0.403		
	0.401～0.550		
	0.545～0.710		
大气气溶胶多角度偏振探测仪	0.433～0.453	—	3.5 km
	0.480～0.500(偏振)		
	0.555～0.575		
	0.660～0.680(偏振)		
	0.758～0.768		
	0.745～0.785		
	0.845～0.885(偏振)		
	0.900～0.920		
大气主要温室气体监测仪	0.759～0.769	0.6 cm	
	1.568～1.583	0.27 cm	
	1.642～1.658		
	2.043～2.058		
大气环境红外甚高分辨率探测仪	2.4～13.3	0.03 cm	

续表 2-12

探测仪器	光谱范围/μm	光谱分辨率	空间分辨率
可见短波红外高光谱相机	0.4～2.5	VNIR:5 nm SWIR:10 nm	30 m
全谱段光谱成像仪	0.45～0.52		20 m(0.45～2.35 μm) 40 m(3.5～12.5 μm)
	0.52～0.60		
	0.62～0.68		
	0.76～0.86		
	1.55～1.75		
	2.08～2.35		
	3.50～3.90		
	4.85～5.05		
	8.01～8.39		
	8.42～8.83		
	10.3～11.3		
	11.4～12.5		

2.1.3　高空间分辨率系列卫星

2.1.3.1　SPOT 卫星

SPOT 卫星是法国空间研究中心(CNES)研制的一种地球观测卫星系统。从 1986 年以来，先后研制发射了第一代 SPOT-1/2/3、第二代 SPOT-4/5 和第三代 SPOT-6/7 共 7 颗地球观测实验卫星。SPOT 卫星采用太阳同步准回归轨道，通过赤道时刻为地方时 10:30，回归天数(重复周期)为 26 d，由于采用倾斜观测，所以实际上 4～5 d 就可对同一地区进行重复观测。SPOT-1～SPOT-7 号卫星发射时间、相关参数及搭载的遥感器见表 2-13。SPOT-4、SPOT-5 号卫星几种探测器的技术参数见表 2-14(中国遥感数据网 http://rs.ceode.ac.cn/index.jsp[2,13])。

表 2-13　　法国 SPOT 卫星参数一览表

卫星名称	SPOT-1	SPOT-2	SPOT-3	SPOT-4	SPOT-5	SPOT-6	SPOT-7
发射时间	1986-02-22	1990-01-22	1993-09-26	1998-03-24	2002-05-04	2012-09-09	2014-06-30
卫星高度/km	832	832	832	832	832	695	695
倾角/(°)	93.7	98.7	98.7	98.7	98.7	98.2	98.2
经过赤道时间	10:30 a.m.	10:30 a.m.	10:30 a.m.	10:30 a.m.	10:30 a.m.	10:30 a.m.	10:30 a.m.
覆盖周期/d	26	26	26	26	26	1	1
扫幅宽度/km	60	60	60	60	60	60	60
波段数	4	4	4	10	10	5	5
传感器	2 台 HRV	2 台 HRV	2 台 HRV	2 台 HRVIR Vegetation	2 台 HRG,HRS Vegetation	2 台 NAOMI	2 台 NAOMI
运行情况	停止服务					在役	

表 2-14　法国 SPOT-4、SPOT-5 卫星上传感器技术参数

卫星名称	传感器	波段序号	波段名称	波段范围/μm	空间分辨率/m	扫幅宽度/km	轨道参数
SPOT-4	高分辨率可见光红外成像装置(HRVIR)	PAN	全色	0.49～0.73	10	60	太阳同步轨道；高度:832 km；倾角:98.7°；重访周期:26 d
		B1	绿波段	0.50～0.59	20		
		B2	红波段	0.61～0.68	20		
		B3	近红外波段	0.78～0.89	20		
		SWIR	短波红外波段	1.58～1.75	20		
	植被探测仪(Vegetation)	B0	蓝波段	0.43～0.47	1 150	2 250	
		B1	绿波段	0.50～0.59	1 150		
		B2	红波段	0.61～0.68	1 150		
		B3	近红外波段	0.79～0.89	1 150		
		SWIR	短波红外波段	1.58～1.75	1 150		
SPOT-5	高分辨率几何成像装置(HRG)	PAN	全色	0.49～0.69	2.5 或 5	60	
		B1	绿波段	0.49～0.61	10		
		B2	红波段	0.61～0.68	10		
		B3	近红外波段	0.78～0.89	10		
		SWIR	短波红外波段	1.58～1.75	20		
	植被探测仪(Vegetation)	B0	蓝波段	0.43～0.47	1 000	2 250	
		B1	绿波段	0.50～0.59	1 000		
		B2	红波段	0.61～0.68	1 000		
		B3	近红外波段	0.79～0.89	1 000		
		SWIR	短波红外波段	1.58～1.75	1 000		
	高分辨率立体装置(HRS)	PAN	全色	0.49～0.69	10	120	

2014 年 6 月 30 日，由欧洲空中客车防务与空间公司(ARBUS DEFENCE &SPACE)设计研发的 SPOT-7 地球观测卫星成功发射。作为 SPOT-6 的双子卫星，SPOT-7 将与其处于同一轨道高度，彼此相隔 180°。SPOT-6、SPOT-7 能够确保从 1998 年和 2002 年就已投入运营的 SPOT-4、SPOT-5 卫星的连续性。SPOT-6、SPOT-7 群能够以每天 6×10^6 km^2 的覆盖能力提供地球上任何地方的每日重访[2]。

SPOT-7 的成功发射，标志着空中客车防务与空间公司此前规划的由 SPOT-6、SPOT-7 与 Pleiades-1A&1B(1B 星于 2012 年 11 月 30 日发射)组成 4 颗卫星星座的计划终于得以完成，这 4 颗卫星处于同一个轨道平面，彼此之间相隔 90°，并最终在 2014 年构成一个紧密、智能的 Astrium Services 光学卫星星座。由这 4 颗卫星组成的星座将开启光学遥感影像产品应用的全新时代，该星座将对全球任意地点进行每日 2 次的重访，其中 SPOT-6、SPOT-7 可以提供 60 km 大幅宽和高至 1.5 m 分辨率影像产品，Pleiades 1A/1B 则可以针对特定目标区域提供 0.5 m 分辨率的影像产品，Astrium Services 光学卫星星座上传感器技术参数见表 2-15[2]。

表 2-15　　法国 Astrium Services 光学卫星星座上传感器技术参数

<table>
<tr><th>卫星名称</th><th>传感器</th><th>波段序号</th><th>波段名称</th><th>波段范围/μm</th><th>空间分辨率/m</th><th>扫幅宽度/km</th><th>轨道参数</th></tr>
<tr><td rowspan="5">SPOT-6、SPOT-7</td><td rowspan="5">新型天体卫星平台模块化设备(NAOMI)</td><td>PAN</td><td>全色</td><td>455～745</td><td>1.5</td><td rowspan="5">60</td><td rowspan="10">太阳同步轨道；
高度：695 km</td></tr>
<tr><td>B1</td><td>蓝波段</td><td>455～525</td><td>6</td></tr>
<tr><td>B2</td><td>绿波段</td><td>530～590</td><td>6</td></tr>
<tr><td>B3</td><td>红波段</td><td>625～695</td><td>6</td></tr>
<tr><td>B4</td><td>近红外波段</td><td>760～890</td><td>6</td></tr>
<tr><td rowspan="5">Pleiades-1A/1B</td><td rowspan="5">高性能成像传感器(e2v)</td><td>PAN</td><td>全色</td><td>480～830</td><td>0.5</td><td rowspan="5">20</td></tr>
<tr><td>B1</td><td>蓝波段</td><td>430～550</td><td>2</td></tr>
<tr><td>B2</td><td>绿波段</td><td>490～610</td><td>2</td></tr>
<tr><td>B3</td><td>红波段</td><td>600～720</td><td>2</td></tr>
<tr><td>B4</td><td>近红外波段</td><td>750～950</td><td>2</td></tr>
</table>

2.1.3.2　QuickBird 卫星

QuickBird(快鸟)卫星是由美国 DigitalGlobe 公司发射的高空间分辨率商业卫星。QuickBird-1 于 2000 年 11 月 21 日在俄罗斯发射失败。QuickBird-2 于 2001 年 10 月 18 日在美国发射成功，卫星轨道为极地轨道，轨道高度平均为 450 km，倾角为 98°，卫星重访周期 1～6 d(与纬度有关)。

QuickBird-2 具有较高的空间分辨率，能提供 2.44 m 多光谱波段和 0.61 m 全色波段的空间分辨率影像数据，且海量星上存储，收集的数据可达 2 048 灰度级，记录为 11 bit。卫星上搭载传感器技术参数如表 2-16 所示[2,14]。

表 2-16　　QuickBird-2 卫星传感器技术参数

<table>
<tr><th>传感器</th><th>波段序号</th><th>波段名称</th><th>波段范围/μm</th><th>空间分辨率/m</th><th>其他参数</th></tr>
<tr><td rowspan="4">多光谱
(Multi-spectral)</td><td>1</td><td>蓝色</td><td>0.45～0.52</td><td rowspan="4">2.44</td><td rowspan="5">太阳同步轨道；
高度：450 km；
倾角：98°；
重访周期：1～6 d；
幅宽：16.5 km</td></tr>
<tr><td>2</td><td>绿色</td><td>0.52～0.60</td></tr>
<tr><td>3</td><td>红色</td><td>0.63～0.69</td></tr>
<tr><td>4</td><td>近红外</td><td>0.76～0.90</td></tr>
<tr><td>Panchromatic</td><td>PAN</td><td>全色</td><td>0.45～0.90</td><td>0.61</td></tr>
</table>

2.1.3.3　GeoEye-1 卫星

OrbView 系列卫星是由 Orbimage(后 GeoEye)公司研制。OrbView-1 于 1995 年发射，一直运行到 2000 年 4 月。OrbView-2 于 1997 年发射，属海陆成像卫星，由 NASA 的SeaWiFS仪器传送海色遥感数据。OrbView-3 属于提高分辨率地球图像的第一批商业卫星，2007 年 3 月 4 日卫星成像系统发生故障，4 月 23 日被宣布全部损耗。OrbView-4 于 2001 年 9 月 21 日发射失败后就失踪了。2008 年 9 月 6 日发射 OrbView-5 卫星，后命名为 GeoEye-1 卫星。

GeoEye-1 卫星属于太阳同步轨道卫星，轨道倾角 98°，轨道周期 98 min，轨道高度平均为 684 km，重访周期为 2～3 d。卫星质量 1 955 kg，设计寿命 7 a，燃料充足可达 15 a。

GeoEye-1 可任意角度成像，全色波段的星下点空间分辨率达 0.41 m，侧视 28°为 0.5 m；星下点多光谱高空间分辨率为 1.65 m；星下点幅宽 15.2 km，单景 225 km^2(15 km×15 km)。GeoEye-1 卫星影像技术参数如表 2-17 所示[2]。

表 2-17　美国 GeoEye-1 卫星上传感器技术参数

影像类别	波段	波谱范围/nm	空间分辨率/m	其他参数
多光谱影像(Multi-Spectral)	B1(蓝)	450～510	1.65	太阳同步轨道；高度：48 km；倾角：98°；重访周期：2～3 d；幅宽：15.2 km
	B2(绿)	510～580		
	B3(红)	655～690		
	B4(近红外)	780～920		
全色影像(Panchromatic)	全色	450～800	0.41	

2.1.3.4　资源系列高分卫星

(1) 资源一号 02B 卫星

2007 年 9 月 19 日，资源一号 02B 卫星(CBERS-02B)在太原卫星发射中心成功发射。CBERS-02B 卫星是具有高、中、低三种空间分辨率的对地观测卫星，搭载的 2.36 m 分辨率的 HR 相机改变了国外高分辨率卫星数据长期垄断国内市场的局面。卫星轨道参数和搭载传感器参数如表 2-18 和表 2-19 所示(中国资源卫星中心，http://www.cresda.com/CN/)[15]。

表 2-18　CBERS-02B 卫星轨道参数

参　数	指　标
轨道类型	太阳同步回归轨道
轨道高度/km	778
轨道倾角/(°)	98.5
降交点地方时	10:30 a.m.
回归周期/d	26

表 2-19　CBERS-02B 卫星有效载荷参数

有效载荷	谱段号	光谱范围/μm	空间分辨率/m	幅宽/km	侧摆能力/(°)	重访时间/d
CCD 相机	1	0.45～0.52	20	113	±32	3
	2	0.52～0.59	20			
	3	0.63～0.69	20			
	4	0.77～0.89	20			
	5	0.51～0.73	20			
高分辨率相机(HR)	6	0.50～0.80	2.36	27	±25	3
宽视场成像仪(WFI)	7	0.63～0.69	258	890	±25	3
	8	0.77～0.89	258			

(2) 资源一号 02C 卫星

资源一号 02C 卫星(简称 ZY-1 02C)于 2011 年 12 月 22 日成功发射。ZY-1 02C 卫星搭载有全色多光谱相机和全色高分辨率相机。ZY-1 02C 卫星具有两个显著特点:一是配置的 10 m 分辨率 P/MS 多光谱相机是当时我国民用遥感卫星中最高分辨率的多光谱相机;二是配置的 2 台 2.36 m 分辨率 HR 相机使数据的幅宽达到 54 km,从而使数据覆盖能力大幅增加,使重访周期大大缩短。ZY-1 02C 卫星轨道参数和有效载荷参数见表 2-20 和表2-21(中国资源卫星中心,http://www.cresda.com/CN/)[16]。

表 2-20　ZY-1 02C 卫星轨道参数

参　数	指　标
轨道类型	太阳同步回归轨道
轨道高度/km	780.099
轨道倾角/(°)	98.5
降交点地方时	10:30 a.m.
回归周期/d	55

表 2-21　ZY-1 02C 卫星有效载荷参数

有效载荷	谱段号	光谱范围/μm	空间分辨率/m	幅宽/km	侧摆能力/(°)	重访时间/d
P/MS 相机	1	0.51～0.85	5	60	±32	3
	2	0.52～0.59	10			
	3	0.63～0.69	10			
	4	0.77～0.89	10			
HR 相机	—	0.50～0.80	2.36	单台:27 两台:54	±25	3

(3) 资源三号卫星

2012 年 1 月 9 日,资源三号(ZY-3)卫星在太原卫星发射中心成功进入高度约 506 km、倾角约 97.421°的太阳同步轨道。ZY-3 卫星装载 4 台光学相机,分别为 2.1 m 空间分辨率正视全色 CCD 相机、3.5 m 空间分辨率的前后视相机和空间分辨率为 6 m 的多光谱相机。4 台相机的主要参数见表 2-22[2,17]。

(4) 资源三号 02 卫星

资源三号 02 卫星(ZY3-02)于 2016 年 5 月 30 日在太原卫星发射中心成功发射。ZY3-02 卫星前后视立体影像分辨率由 01 卫星的 3.5 m 提升到 2.5 m,实现了 2 m 分辨率级别的三线阵立体影像高精度获取能力。ZY3-02 卫星的轨道参数和传感器指标见表 2-23 和表 2-24(中国资源卫星中心,http://www.cresda.com/CN/)。

表 2-22　　资源三号卫星上传感器技术参数

传感器	波段号	波段名称	波长范围/μm	空间分辨率/m	幅宽/km	侧摆能力/(°)	重访时间/d
三线阵立体测图相机	前视	全色	0.5～0.8	3.5	52	±32	5
	后视	全色	0.5～0.8	3.5	52	±32	5
	正视	全色	0.5～0.8	2.1	51	±32	5
多光谱相机	1	蓝	0.45～0.52	6	51	±32	5
	2	绿	0.52～0.59				
	3	红	0.63～0.69				
	4	近红外	0.77～0.89				

表 2-23　　ZY3-02 卫星轨道参数

参　　数	指　　标
轨道高度/km	505
半长轴/km	6 876.984
轨道倾角/(°)	97.421
降交点地方时	10:30 a.m.
交点周期/min	94.716
轨道偏心率	0
覆盖周期/d	59
回归圈次/圈	897

表 2-24　　ZY3-02 卫星传感器指标

卫星代号	有效载荷	波段号	光谱范围/μm	空间分辨率/m	幅宽/km	相机量化等级/bits	标准景尺寸/km	侧摆能力/(°)	重访时间/d	全球覆盖能力/d
ZY3-02	前视相机	—	0.50～0.80	2.5	51	10	51×51	±32	3～5	59
	后视相机	—	0.50～0.80							
	正视相机	—	0.50～0.80	2.1						
	多光谱相机	B01	0.45～0.52	5.8					3	
		B02	0.52～0.59							
		B03	0.63～0.69							
		B04	0.77～0.89							

2.1.3.5　GF 系列卫星

我国的高分(GF)专项是指高分辨率对地观测系统，它是国务院发布的《国家中长期科学和技术发展规划纲要(2006—2020 年)》中确定的 16 个重大专项之一。从高分专项建设目标中可以看到，近年来国家对遥感领域的宏伟目标，尤其是卫星的重视程度特别突出，计划研制和发射 7～9 颗对地观测卫星，见表 2-25[2]（高分应用综合信息服务共享平台，http://gfplatform.cnsa.gov.cn）。

表 2-25　高分辨率对地观测系统工程

发射时间	卫星名称	传感器
2013 年 4 月 26 日	GF-1	2 m 全色/8 m 多光谱/16 m 宽幅多光谱
2014 年 8 月 19 日	GF-2	1 m 全色/4 m 多光谱
2016 年 8 月 10 日	GF-3	1 m C-SAR 合成孔径雷达
2015 年 12 月 29 日	GF-4	50 m 地球同步轨道凝视相机
2018 年 5 月 9 日	GF-5	可见短波红外高光谱相机
		全谱段光谱成像仪
		大气气溶胶多角度偏振探测仪
		大气痕量气体差分吸收光谱仪
		大气主要温室气体监测仪
		大气环境红外甚高分辨率探测仪
2018 年 6 月 2 日	GF-6	2 m 全色/8 m 多光谱/16 m 宽幅多光谱
计划中	GF-7	高空间立体测绘

（1）高分一号

高分一号（GF-1）卫星是中国航天科技集团公司所属中国空间技术研究院航天东方红卫星有限公司研制的。2013 年 4 月 26 日，GF-1 卫星发射升空，顺利进入预定轨道。这是我国重大科技专项高分辨率对地观测系统的首发卫星，GF-1 卫星的轨道和姿态控制参数见表 2-26[1]。

表 2-26　GF-1 卫星轨道和姿态控制参数

参　　数	指　　标
轨道类型	太阳同步轨道
轨道高度/km	645（标称值）
倾角/(°)	98.050 6
降交点地方时	10:30 a.m.
侧摆能力（滚动）	±25°，机动 25°的时间≤200 s， 具有应急侧摆（滚动）±35°的能力

GF-1 卫星搭载了 2 台 2 m 分辨率全色 8 m 分辨率多光谱相机（P/MS 相机）、4 台 16 m 分辨率多光谱宽幅相机。其中 P/MS 相机的幅宽为 60 km，多光谱中分辨率宽幅相机的幅宽为 800 km。GF-1 卫星传感器技术指标见表 2-27[2,18]。

（2）高分二号

2014 年 8 月 19 日，高分二号(GF-2)卫星在太原卫星发射中心成功发射，标志着我国遥感卫星进入了亚米级“高分时代”，卫星具有亚米级空间分辨率、高定位精度和快速姿态机动能力等特点，有效提升了卫星综合观测效能，达到了国际先进水平。GF-2 卫星搭载 2 台高分辨率 1 m 全色/4 m 多光谱相机，这是我国当前分辨率最高的民用陆地观测卫星，卫星下点空间分辨率可达 0.8 m。GF-2 卫星上传感器技术参数如表 2-28 所示[2]。

表 2-27　　GF-1 卫星传感器技术参数

传感器	波段序号	波段名称	波长范围/μm	空间分辨率/m	地面幅宽/km	其他参数
P/MS 相机	B0	全色	0.45～0.90	2	60	太阳同步轨道； 高度：644.5 km； 侧摆：±25°； 应急时侧摆：±35°； 经过赤道的时间：10:30 a.m.； 回归周期：41 d
	B1	蓝	0.45～0.52	8		
	B2	绿	0.52～0.59	8		
	B3	红	0.63～0.69	8		
	B4	近红外	0.77～0.89	8		
4 台中分辨率相机	B1	蓝	0.45～0.52	16	800	
	B2	绿	0.52～0.59	16		
	B3	红	0.63～0.69	16		
	B4	近红外	0.77～0.89	16		

表 2-28　　GF-2 卫星上传感器技术参数

传感器	波段序号	波段名称	波段范围/μm	空间分辨率/tm	其他参数
多光谱(Multi-spectral)	1	蓝色	0.45～0.52	4	太阳同步轨道； 高度：631 km； 倾角：97.908 0°； 重访周期：5 d； 幅度：45 km
	2	绿色	0.52～0.59		
	3	红色	0.63～0.69		
	4	近红外	0.77～0.89		
Panchromatic	PAN	全色	0.45～0.90	1	

(3) 高分四号

2015 年 12 月 29 日，高分四号(GF-4)卫星在西昌卫星发射中心发射成功，2016 年 6 月 13 日正式投入使用。GF-4 卫星运行在距地 36 000 km 的地球静止轨道，与此前发射的运行于低轨的 GF-1、GF-2 卫星组成星座，具备高时间分辨率和较高空间分辨率的优势。GF-4 卫星是我国第一颗地球同步轨道遥感卫星，采用面阵凝视方式成像，具备可见光、多光谱和红外成像能力，可见光和多光谱分辨率优于 50 m，红外谱段分辨率优于 400 m，设计寿命 8 a[2]。GF-4 卫星轨道参数和有效载荷技术指标见表 2-29 和表 2-30(中国资源卫星中心，http://www.cresda.com/CN/)。

(4) 高分六号卫星

2018 年 6 月 2 日，高分六号(GF-6)卫星在酒泉卫星发射中心成功发射。GF-6 卫星又称为高分陆地应急监测卫星，具有高分辨率、宽覆盖、高质量成像、高效能成像、国产化率高等特点，设计寿命 8 a，配置 1 台 2 m 全色/8 m 多光谱高分辨率相机和 1 台 16 m 多光谱中分辨率宽幅相机。GF-6 卫星还实现了 8 谱段 CMOS 探测器的国产化研制，国内首次增加了能够有效反映作物特有光谱特性的“红边”波段。GF-6 卫星突破了单投影中心超大视场成像技术，解决了高时效成像、境外成像、多目标成像能力弱等难题，提升了大视场相机图像精确度[19]。GF-6 卫星传感器技术参数见表 2-31[20]。

表 2-29　　GF-4 卫星轨道参数

参　　数	指　　标
轨道类型	地球同步轨道
轨道高度/km	36 000
定点位置	105.6°E

表 2-30　　GF-4 卫星有效载荷技术指标

类型	谱段号	谱段范围/μm	空间分辨率/m	幅宽/km	重访时间/h
可见光近红外（VNIR）	1	0.45～0.90	50	400	20
	2	0.45～0.52			
	3	0.52～0.60			
	4	0.63～0.69			
	5	0.76～0.90			
中波红外（MWIR）	6	3.5～4.1	400		

表 2-31　　GF-6 卫星上传感器技术参数

参数	2 m 分辨率全色/8 m 分辨率多光谱相机		16 m 分辨率多光谱中分辨率相机
光谱范围	全色 0.45～0.90 μm		
	多光谱	0.40～0.45 μm	0.40～0.45 μm
		0.45～0.52 μm	0.45～0.52 μm
		0.52～0.59 μm	0.52～0.59 μm
		0.59～0.63 μm	0.59～0.63 μm
		0.63～0.69 μm	0.63～0.69 μm
		0.69～0.73 μm	0.69～0.73 μm
		0.73～0.77 μm	0.73～0.77 μm
		0.77～0.89 μm	0.77～0.89 μm
空间分辨率	全色　2 m		16 m
	多光谱　8 m		
幅宽	90 km		800 km

2.1.3.6 实践九号卫星

2012 年 10 月 14 日，实践九号(SJ-9)A/B 卫星在太原卫星发射中心成功发射升空。SJ-9卫星是民用新技术试验卫星系列规划中的首发星。SJ-9 卫星 A 卫星搭载的光学成像有效载荷技术试验项目为高分辨率多光谱相机，分辨率为全色 2.5 m/多光谱 10 m；B 卫星搭载的光学成像有效载荷技术试验项目为分辨率 73 m 长波红外焦平面组件试验装置。实践九号卫星轨道参数和有效载荷参数见表 2-32 和表 2-33[21]（中国资源卫星中心，http://www.cresda.com/CN/）。

表 2-32 SJ-9A/9B 卫星轨道参数

参数	A 卫星	B 卫星
轨道类型	太阳同步回归轨道	太阳同步回归轨道
轨道高度/km	645	645
轨道倾角/(°)	97.982	97.939
降交点地方时	10:30 a.m.	10:30 a.m.
回归周期/d	69	69

表 2-33 SJ-9A/9B 卫星有效载荷参数

平台	有效载荷	谱段号	光谱范围/μm	空间分辨率/m	幅宽/km	侧摆能力	重访时间/d
SJ-9A 卫星	全色多光谱相机	1	0.45～0.89	2.5	30	±35°	4
		2	0.45～0.52	10			
		3	0.52～0.59				
		4	0.63～0.69				
		5	0.77～0.89				
SJ-9B 卫星	红外相机	6	0.80～1.20	73	18	±15°	8

2.2 微波遥感数据源

微波遥感指利用波长 1～1 000 mm 电磁波遥感的统称。微波根据波长可分为毫米波、厘米波和分米波。由于微波的波长比可见光、红外线要长，能穿透云、雾而不受天气影响，所以能进行全天时全天候的遥感探测[1]。

微波遥感根据是否主动发射微波信号又可以分为无源(被动)和有源(主动)微波遥感两大类。被动微波主要包括微波辐射计，星载微波辐射计如 AMSR-E、SMOS 等，而主动微波可又分为散射计、高度计和合成孔径雷达(SAR)等。SAR 由于具有较高的空间分辨率(1～1 000 m)，且对土壤水分较为敏感，成为土壤水分的研究热点，本书将重点介绍 SAR 卫星。国内外主要的 SAR 卫星系统如表 2-34 所示[22]。

表 2-34　　国内外主要的 SAR 卫星系统

状态	平台	国家或地区	发射年份	频段	极化方式	最佳空间分辨率/m	带宽/km
已停止使用	ERS-1/ERS-2	欧洲	1991/1995	C	VV	30	100
	JERS-1	日本	1992	L	HH	18	75
	SIR-C	美国	1994	L,C	VV/HH/HV/VH	30	100～200
	X-SAR	美国	1994	X	VV	30	100～200
	RADARSAT-1	加拿大	1995	C	HH	10	100～170
	ENVISAT	欧洲	2002	C	单极化，双极化	30	100～400
	ALOS	日本	2006	L	单极化，双极化，四极化	10	70
正在使用中	TerraSAR-X	德国	2007	X	单极化，双极化，四极化	1	10～100
	RADARSAT-2	加拿大	2007	C	单极化，双极化，四极化	3	10～500
	TeeSAR	以色列	2008	X	单极化	1	40～100
	RISAT-2	印度	2009	X	双极化，四极化	＜2	30～240
	TanDEM-X	德国	2010	X	单极化，双极化，四极化	1	10～150
	RISAT-1	印度	2012	C	单极化，双极化，四极化	1	25～223
	HJ-1C	中国	2012	S	HH，VV	5	
	SeoSAR	西班牙	2013	X	单极化，双极化，四极化	1	
	ALOS-2	日本	2014	L	单极化，双极化，四极化	1	
卫星星座	SAR-Lupe（5 颗卫星）	德国	2006～2008	X	—	＜1	
	COSMO-SkyMed（4 颗卫星）	意大利	2007～2010	X	双极化，四极化	1	10～200
	Sentinel-1（2 颗卫星）	欧洲	2014～2015	C	四极化	5	80～400
	SAOCOM（4 颗卫星）	阿根廷	2015～2017	L	四极化	7	50～400
	RADARSAT（3 颗卫星）	加拿大	2018	C	四极化	3	20～500
	第二代 COSMO-SkyMed（2 颗卫星）	意大利	2017～2018	X	四极化		

（1）ENVISAT ASAR 卫星

ENVISAT 卫星是欧洲空间局的对地观测卫星系列之一，发射于 2003 年 3 月，属太阳同步轨道卫星，卫星高度 800 km，倾角 98°，重复周期 35 d。在 ENVISAT-1 卫星上载有多个传感器，分别对陆地、海洋、大气进行观测，其中最主要的就是先进合成孔径雷达（Advanced Synthetic Aperture Radar，ASAR）传感器。ASAR 传感器共有 Image、Alternating Polarisation、Wide Swath、Global Monitoring、Wave 五种工作模式，各模式工作性质如

表 2-35 所示[8]。

表 2-35　　ENVISAT ASAR 卫星工作模式

模式	Image	Alternating Polarisation	Wide Swath	Global Monitoring	Wave
成像宽度	最大 100 km	最大 100 km	约 400 km	约 400 km	5 km
下行数据率	100 Mbit/s	100 Mbit/s	100 Mbit/s	0.9 Mbit/s	0.9 Mbit/s
极化方式	VV 或 HH	VV/HH 或 VV/VH 或 HH/HV	VV 或 HH	VV 或 HH	VV 或 HH
分辨率	30 m	30 m	150 m	1 000 m	10 m

在表 2-35 描述的五种工作模式中，高数据率的 Image 模式、Alternating Polarisation 模式和 Wide Swath 模式供国际地面站接收，低数据率的 Global Monitoring 模式和 Wave 模式仅供欧州太空局的地面站接收。其中，Image 模式生成与 ERS SAR 类似，约为 30 m 空间分辨率的图像。但与 ERS SAR 不同的是，Image 模式可以在侧视 10°～ 45°的范围内，提供 7 种不同入射角的成像(表 2-36)，并以 HH 或 VV 极化方式成像。

表 2-36　　Image 模式 7 种波束位置

成像位置代号	幅宽/km	与星下点的距离/km	入射角范围/(°)
IS1	105	187～292	15.0～22.9
IS2	105	242～347	19.2～26.7
IS3	82	337～419	26.0～31.4
IS4	88	412～500	31.0～36.3
IS5	64	490～555	35.8～39.4
IS6	70	550～620	39.1～42.8
IS7	56	615～671	42.5～45.2

Alternating Polarisation 模式与 Image 模式一样，具有约 30 m 的空间分辨率的图像，以及同样的 IS1～IS7 的 7 种不同入射角的成像位置。Alternating Polarisation 模式可以同时提供同一地区两种不同极化方式的图像，用户可根据需要从 VV/HH、HH/HV、VV/VH 组合中选择一种。由于采用了特殊的数据处理技术，与 Image 模式相比，Alternating Polarisation 模式图像辐射分辨率略有降低。

Wide Swath 模式采用 ScanSAR 技术，可以提供更宽的成像条带。Wide Swath 模式的成像幅宽是 405 km，空间分辨率 150 m，可以 HH 或 VV 极化方式成像。

(2) Sentinel-1 数据

Sentinel-1 数据是当前唯一可以免费获取的 SAR 数据，且 Sentinel-1 数据的空间分辨率和幅宽均能满足监测的需求。Sentinel-1 卫星是欧洲“哥白尼”(Copernicus)计划(之前称为“全球环境与安全监测”计划)的一部分，由两个完全一致的 Sentinel-1A 和 Sentinel-1B 组成，卫星装载 C 波段的 SAR，以接替于 2012 年失效的 ENVISAT 上搭载的 ASAR，从而保持高分辨率 SAR 数据的连续性[1]。

Sentinel-1A 和 Sentinel-1B 分别于 2014 年 4 月 3 日和 2016 年 4 月 25 日发射成功。Sentinel-1 卫星采用太阳同步轨道，轨道高度 693 km，倾角 98.18°，轨道周期 99 min，重访周期 12 d。Sentinel-1 卫星携带的 C 频段合成孔径雷达由阿斯特留姆公司研制，它继承了 ERS 和 ENVISAT 上合成孔径雷达的优点，具有全天候成像能力，搭载的 SAR 的参数性能见表 2-37[23-24]。

表 2-37　　Sentinel-1 卫星 SAR 基本参数

参　　数	指　　标
中心频率/GHz	5.405(波长 5.55 cm)
带宽	0.100(可编程)
极化	HH-HV, VV-VH
天线类型	裂缝波导辐射器
天线尺寸/m×m	12.3×0.84
天线质量/kg	880(占总发射量的 40%)
射频峰值功率/W	4 358
脉冲宽度/μs	5～100(可编程)
占空比/%	12(最大)
接收机噪声参数/dB	3
脉冲重复频率(PRF)/Hz	1 000～3 000(可编程)
数据压缩(可选)	熵约束分块自适应量化(ECBAQ)或弹性动力分块自适应量化

Sentinel-1 卫星上合成孔径雷达有 4 种成像模式[25]，分别介绍如下：

① 条带模式(Strip Map Mode，SM)——幅宽 80 km，空间分辨率 5 m×5 m，6 个重复的测量带能覆盖所要求的 375 km 的范围。

② 干涉测量宽幅模式(Interferometric Wide-swath mode，IW)——幅宽 250 km，空间分辨率 5 m×20 m，通过充分交叠多普勒频谱(方位范围)和波束频谱(仰角范围)来确保干涉测量。该模式为陆地观测的标准模式，可满足大部分当前未知的服务需求，避免冲突和保持重访能力，提供服务鲁棒性和可靠性，简化任务规划，降低运行成本，并长期存档，满足未来的数据需求。

③ 超幅宽模式(Extra Wide-swath mode，EW)——分辨率 25 m×100 m(三视角)，低分辨率(20 m×40 m)下的幅宽为 400 km。

④ 波模式(Wave mode，WV)——由各个条带工作组成，具有交替的仰角波束和固定的开关占空因子，分辨率 5 m×5 m，沿轨每间隔 100 km 采样图像大小为 20 km×20 km。

除了波模式为单极化模式(HH 或 HV)外，其他工作模式均支持双极化(HH-HV，VV-VH)运行，4 种模式的具体参数见表 2-38(欧洲太空局，2012)[26]。

表 2-38 Sentinel-1 卫星不同模式参数

参数	干涉测量幅宽模式	波模式	条带模式	超宽幅模式
极化	双极化 HH+HV 或 VV+VH	单极化 HH 或 VV	双极化 HH+HV 或 VV+VH	双极化 HH+HV 或 VV+VH
入射角/(°)	31～46	22～35 35～38	20～47	20～47
方向分辨率/m	20	5	5	40
距离向分辨率/m	5	5	5	20
视数	单视	单视	单视	单视
幅宽/km	250	20×20 (100 km 间距)	80	410
辐射稳定性/dB	1(3)	1(3)	1(3)	1(3)
辐射精度/dB	1(3)	1(3)	1(3)	1(3)

(3) HJ-1C 卫星

HJ-1C 卫星是中国环境与灾害监测预报小卫星的首颗民用雷达卫星，也是中国首颗 S 波段(厘米级微波)合成孔径雷达(SAR)卫星，于 2012 年 11 月在太原卫星发射中心发射，质量 890 kg，轨道高度为 500 km、降交点地方时上午 6 时的太阳同步轨道，与已经发射的 HJ-1A/1B形成第一阶段的卫星星座。HJ-1C 使用 6 m×2.8 m 的可折叠式网状抛物面天线，S 波段 SAR 雷达具有条带和扫描两种工作模式，成像带宽度分别为 40 km 和 100 km。HJ-1C 的 SAR 雷达单视模式空间分辨率可到 5 m，距离向四视时分辨率为 20 m，提供的 SAR 图像以多视模式为主[2]。HJ-1C 卫星轨道参数和主要载荷参数见表 2-39 和表 2-40(中国资源卫星中心，http://www.cresda.com/CN/)。

表 2-39 HJ-1C 卫星轨道参数

参　　数	指　　标
轨道类型	太阳同步回归轨道
轨道高度/km	499.26
轨道倾角/(°)	97.367 1
回归周期/d	31
降交点地方时	6:00 a.m.

表 2-40 HJ-1C 卫星主要载荷参数

平台	有效载荷	谱段号	光谱范围/μm	空间分辨率/m	幅宽/km	侧摆能力/(°)	重访时间/d
HJ-1C 星	合成孔径雷达(SAR)	—	—	5(单视)	40(条带)	—	4
				20(4 视)	100(扫描)		

(4) 高分三号卫星

2016 年 8 月 10 日，高分三号(GF-3)卫星在太原卫星发射中心成功发射。高分三号卫星是我国高分专项工程的一颗雷达遥感卫星，空间分辨率为 1 m，也是中国首颗分辨率达到 1 m 的 C 频段多极化合成孔径雷达(SAR)成像卫星[2]。GF-3 卫星平台指标号有效载荷技术指标见表 2-41 和表 2-42[27](高分应用综合信息服务共享平台，http://gfplatform.cnsa.gov.cn/)。

表 2-41　GF-3 卫星平台指标

参　数	指　标
轨道类型	太阳同步回归轨道
轨道高度/km	755(标称值)
波段	C 波段
天线类型	波导缝隙相控阵
平面定位精度/m	无控优于 230(入射角 20°～50°)
常规入射角/(°)	20～50
扩展入射角/(°)	10～60

表 2-42　GF-3 卫星有效载荷技术指标

序号	成像模式名称		分辨率/m	幅宽/km	极化方式
1	滑块聚束(SL)		1	10	单极化
2	超精细条带(UFS)		3	30	单极化
4	精细条带 2(FSⅡ)		10	100	双极化
5	标准条带(SS)		25	130	双极化
6	全极化条带 1(QPSⅠ)		8	30	全极化
7	全极化条带 2(QPSⅡ)		25	40	全极化
8	窄幅扫描(NSC)		50	300	双极化
9	宽幅扫描(WSC)		100	500	双极化
10	全球观测成像模式(GLO)		500	650	双极化
11	波成像模式(WAV)		10	5	全极化
12	扩展入射角(EXT)	低入射角	25	130	双极化
		高入射角	25	80	双极化

2.3　其他遥感数据源

地面遥感平台包括遥感观测塔、遥感云车等(图 2-1)，主要用于近距离测量地物波谱和摄取供实验研究用的地物细节影像，是为配合航天遥感或航空遥感的进行，选择较具典型、自然条件相对稳定、容易定位观测的地区，开展遥感试验[28]。其主要任务是测定各种地物的光谱特性及其变化规律、研制新型遥感传感器、试验各种传感器的性能、选择最佳工作波段、试验各种数据、信息处理的方法及效果以及完善判读理论和方法的有效性等。地面遥感数据相比其他遥感数据源，具有空间分辨率高、时间周转快、光谱分辨率高的特点[29]。

无人机(Unmanned aerial vehicle,UAV)作为新型低空遥感平台,相比于传统的卫星和航空遥感,具有实时性强、机动灵活、结构简单、成本低、风险小等优点,而且数据信息也有更高的准确度,尤其对于小范围地面目标监测具有独特优势[30]。

近年来,随着无人机技术的发展和传感器的微型化,利用无人机搭载传感器及时获取研究区域的高空间分辨率和时间分辨率的影像成为可能。无人机遥感综合了地面遥感与卫星遥感的优点,具有地面遥感的灵活性、波段多、获取数据方便的特点,同时又具有卫星遥感获取数据面积大及图谱合一的特点,在中小型面积农业应用上有独特优势。因而研究无人机影像处理流程,探索无人机影像监测农作物信息方法对促进农业遥感技术的发展具有重大的意义[31]。未来,无人机遥感技术应在研发和建造成本、运行稳定性、数据信息的获取和分析处理能力等方面加以完善,以实现在农业领域更广泛的应用[32-33]。

(a) (b)

图 2-1 其他遥感平台

参考文献

[1] 黄诗峰,辛景峰,杨永民,等. 旱情遥感监测理论方法与实践[M]. 北京:中国水利水电出版社,2016.

[2] 杨可明. 遥感原理与应用[M]. 徐州:中国矿业大学出版社,2016.

[3] 徐涵秋,唐菲. 新一代 Landsat 系列卫星:Landsat 8 遥感影像新增特征及其生态环境意义[J]. 生态学报,2013,33(11):3249-3257.

[4] 郭云开,周家香,黄文华,等. 卫星遥感技术及应用[M]. 北京:测绘出版社,2016.

[5] 郭奇奇,李志军,李武毅,等. 资源一号卫星 04 星数据在西藏假学地区地质矿产调查遥感地质解译中的应用[J]. 地质论评,2017,63(s1):147-148.

[6] 周军其,叶勤,邵永社,等. 遥感原理与应用[M]. 武汉:武汉大学出版社,2014.

[7] 孙家抦,倪玲,周军其,等. 遥感原理与应用[M]. 第 3 版. 武汉:武汉大学出版社,2009.

[8] 林文鹏,王长耀. 大尺度作物遥感检测方法与应用[M]. 北京:科学出版社,2010.

[9] 覃帮勇,刘志文,李盛阳. 天宫一号高光谱数据的陆地应用[J]. 载人航天,2018,24(04):546-552.

[10] 杨达昌,陈洁,高子弘,等. 天宫一号高光谱数据烃类微渗漏信息提取[J]. 国土资源遥感,2018,30(02):107-113.

[11] 龚燃. 高分五号卫星[J]. 卫星应用,2018(5):74.

[12] 孙允珠，蒋光伟，李云端，等."高分五号"卫星概况及应用前景展望[J]. 航天返回与遥感，2018，39(3)：1-13.

[13] 周廷刚，何勇，杨华，等. 遥感原理与应用[M]. 北京：科学出版社，2015.

[14] 刘吉平，郑永宏，周伟. 遥感原理及遥感信息分析基础[M]. 武汉：武汉大学出版社，2012.

[15] 张庆君."资源一号"系列卫星推动卫星光学遥感技术进步[J]. 航天返回与遥感，2018，39(04)：45-54.

[16] 文雄飞，陈蓓青，申邵洪，等. 资源一号 02C 卫星 P/MS 传感器数据质量评价及其在水利行业中的应用潜力分析[J]. 长江科学院院报，2012，29(10)：118-121.

[17] 唐新明，王鸿燕. 资源三号卫星应用分析与展望[J]. 航天器工程，2016，25 (05)：1-10.

[18] 于博文，田淑芳."高分一号"卫星数据几何校正研究[J]. 遥感技术与应用，2017，32(1)：133-139.

[19] 高菲. 高分六号卫星[J]. 卫星应用，2018(6)：74.

[20] 郑利娟. 基于高分一/六号卫星影像特征的农作物分类研究[D]. 北京：中国科学院大学，2017.

[21] 严明，伍菲，王智勇."实践九号"A 卫星光学遥感图像杂散光噪声去除[J]. 航天返回与遥感，2014，35(05)：72-80.

[22] 李俐，王荻，王鹏新，等. 合成孔径雷达土壤水分反演研究进展[J]. 资源科学，2015，37(10)：1929-1940.

[23] 龚燃."哨兵"卫星家族概览[J]. 国际太空，2014(7)：23-28.

[24] 龚燃. 欧洲"哥白尼"计划的首颗卫星哨兵-1A 入轨[J]. 国际太空，2014(5)：41-44.

[25] 杨魁，杨建兵，江冰茹. Sentinel-1 卫星综述[J]. 城市勘测，2015(2)：24-27.

[26] AGENCE SPATIALE EUROPEANNE. Sentinel-1：ESA's Radar Observatory Mission for GMES operational services[R]. ESA communications：[s. n.]，2012.

[27] 范剑超，王德毅，赵建华，等. 高分三号 SAR 影像在国家海域使用动态监测中的应用[J]. 雷达学报，2017，6(05)：456-472.

[28] 赵语. 地面农业遥感平台在能源作物生物量监测中的研究与应用[D]. 哈尔滨：东北农业大学，2012.

[29] 汤文静. 地面农业遥感平台在能源作物生物量监测中的研究与应用[J]. 农业与技术，2015，35(16)：248.

[30] 喻静敏，钟良. 无人机遥感在地面目标变化监测中的应用研究[J]. 电子测量技术，2018(9)：95-98.

[31] 周祥. 基于无人机平台的水稻生长特征监测研究[D]. 南京：南京农业大学，2016.

[32] 于克蛟. 无人机遥感技术在农业上的应用[J]. 现代化农业，2018(9)：59-60.

[33] 李勇志，支晓栋，唐海龙，等. 无人机遥感技术在农业中的发展与应用[J]. 安徽农业科学，2015，43(25)：350-351，355.

第3章 遥感数据预处理

遥感图像在获取的过程中，因传感器、遥感平台以及地球本身等方面的原因导致原始图像上各地物的几何位置、形状、尺寸、方位等特征与参照系统中的表达要求不一致时，就产生了图像几何变形。

在利用传感器观测目标物辐射或反射的电磁能量时，从传感器得到的测量值与目标物的光谱反射率或光谱辐射亮度等物理量是不一致的，这是因为测量值中包含了太阳位置及角度条件、薄雾等大气条件所引起的失真，这些失真影响了图像的质量和应用，进而导致不同遥感图像上的对比度及亮度值存在差异。因此，非常有必要对相邻的多景图像或同一区域不同时间的图像以及来自不同传感器的图像进行预处理，以保证后续分析数据的准确性和一致性。所以在遥感影像处理与分析中，预处理是最初的也是最基本的影像操作，图像预处理是利用遥感数据进行监测的第一步，也是非常重要的一步[1-2]。

3.1 光学遥感数据预处理

光学遥感图像的预处理主要包括辐射校正、几何校正、图像镶嵌、图像裁剪、图像融合、特征变换和特征提取等操作步骤。辐射校正是为了消除或修正遥感图像成像过程中附加在传感器输出辐射能量中的各种噪声，可以提高遥感系统获取地物表面光谱反射率、辐射率或者向后散射测量值的精度，从而提高遥感数据的质量，为遥感图像的后续处理工作奠定基础。原始遥感影像包含严重的几何变形。几何校正的目的就是要校正这些因素引起的影像变形，从而实现与标准影像或地图的几何整合。图像镶嵌是便于若干景图像进行拼接，生成目标区域的完整图像，以便获取更多、更准确的关于感兴趣区域的信息。图像融合着重于将那些在空间和时间上冗余或互补的多源遥感数据按照一定的规则进行复合，它强调的是信息的优化，以突出有用的专题信息，消除或抑制无关的信息，改善目标识别的图像处理环境，从而增加解译的可靠性，减少模糊性(即多义性、不完全性、不确定性和误差)、改善分类、扩大应用范围和效果。特征变换和特征选择既能减少参加分类的特征图像的数目，又从原始信息中抽取出更好的进行分类的特征图像[1,3-5]。

3.1.1 辐射校正

遥感传感器在接收来自地面目标物的电磁波辐射能量时，由于传感器光电系统的特性、太阳高度、大气作用以及地形起伏等，使得传感器的探测值与地物实际的光谱辐射值不一致，也就是存在辐射误差[2]。辐射误差造成遥感图像失真，影响遥感影像的判读和解译，因此必须进行消除或减弱[4]。

传感器辐射定标和辐射校正是遥感数据定量化的最基本环节。辐射定标是指传感器探测值的标定方法，用以确定传感器入口的准确辐射值。辐射校正则是指消除或改正遥感图像成像过程中附加在传感器输出的辐射能量中的各种噪声的过程。但一般情况下，用户得到的遥感图像在地面接收站处理中心已经做了辐射定标[6]。

从辐射传输方程可以看出，传感器接收的电磁波能量分为三部分：太阳经大气衰减后照射到地面，经地面反射后又经大气第二次衰减进入传感器的能量；大气散射、反射和辐射的能量；地面本身辐射的能量经大气后进入传感器的能量。传感器输出的能量还与传感器的光谱响应系数有关。因此遥感图像的辐射误差主要包括：

① 传感器本身的性能引起的辐射误差；

② 大气的散射和吸收引起的辐射误差；

③ 地形影响和光照条件的变化引起的辐射误差。

3.1.1.1　辐射定标

传感器定标是遥感信息定量化的前提，遥感数据的可靠性及应用的深度和广度在很大程度上取决于遥感器的定标精度。传感器定标就是指建立在传感器每个探测元件所输出信号的数值量化值与该探测器对应像元内的地物辐射亮度值之间的定量关系。辐射定标分为绝对辐射定标和相对定标。绝对定标对目标作定量描述，要得到目标的辐射绝对值。绝对定标的方法主要有实验室定标、星上定标和场地定标。相对定标则得出目标中某一点辐射亮度与其他点的相对值[6]。

（1）绝对辐射定标

绝对辐射定标要建立传感器测量的数字信号与对应的辐射能量之间的数量关系，即根据预先测定的传感器响应值，建立传感器输出值与该传感器对应的实际地物辐射亮度之间的定量关系，将 DN 值转成传感器入瞳处的绝对辐射亮度。定标公式如下：

$$L_\lambda = a_\lambda \mathrm{DN} + b_\lambda \tag{3-1}$$

式中　L_λ——波段 λ 的辐增量值；

a_λ——波段 λ 的增益，与传感器接收的辐射和输出的电压比例有关；

b_λ——偏移，与光电系统暗电流有关。

a_λ，b_λ 两个参数统称为定标参数。

卫星发射前的绝对定标是在地面实验室或试验场，用传感器观测辐射亮度值已知的标准辐射源以获得定标数据。卫星发射后由于各种因素会影响传感器的响应，因此在卫星运行过程中要定期进行定标[2,6]。

（2）相对辐射定标

理想状况下在遥感图像获取过程中，对于传感器中的每一个探测元件，其输出的 DN 值都应与入射的辐射亮度成正比，且比例因子相同，即当相机入瞳处的入射光照完全均匀一致时，各个探测元件应该输出完全相同的 DN 值。但是在实际过程中，由于光学系统、光电转换系统等因素的影响，这种理论上的完全对应关系并不存在，往往会出现辐射不均匀、条带噪声、坏线等失真现象，影响视觉效果和对目标的分辨与解译，这时需要采用相对辐射定标对图像进行校正，相对辐射定标通常是遥感数字图像处理的第一步[7]。

相对辐射定标是为了校正探测元件的不均匀性，消除探测元件的响应不一致性，对原始亮度值进行归一化处理，从而使入射辐射量一致的像元对应的输出像元值也一致，以消除传感器本身的误差。需要注意的是，相对辐射定标得到的结果仍是不具备物理意义的 DN 值。

相对辐射定标方法主要有定标法、统计法和综合法三大类。定标法是通过传感器定标的方法获取相对辐射定标系数，从而用于遥感图像的相对辐射定标。定标参数主要来自于实验室、星上和场地定标。统计法是通过对图像进行分析，直接从中提取出定标系数，从而对图像进行定标。其中，基于图像自身统计量的定标方法主要有直方图均衡法、均匀场景法和直方图匹配法等[8-10]；基于空间域和频率域滤波的定标方法主要是采用去噪声的原理对其进行相对辐射定标。综合法同时具有定标法和统计法的特征，可以通过两种途径来实现——定标与统计综合的方法和不同校正算法综合的方法[11]。

(3) 定标参数获取

采用定标法对遥感图像进行辐射定标时需要相应的定标参数，通常情况下遥感数据产品的元数据里面会提供定标参数，这些参数实际上都是从实验室、星上或地面获取的。根据获取定标参数的时间和地点不同可以将辐射定标分为三类：发射前的实验室定标、基于星载定标器的星上定标、发射后的场地定标[7]。

① 实验室定标——实验室定标是在遥感器发射之前在实验室中标定其波长位置、辐射精度、空间定位等信息，将仪器输出的 DN 值转换为辐射亮度值。实验室定标一般包含两部分内容，即光谱定标和辐射定标。首先通过光谱定标来获取遥感传感器每个波段的中心波长和带宽，以及光谱响应函数，然后再利用辐射定标建立传感器输出的 DN 值与传感器入瞳处的辐射亮度或者反射率之间的函数关系。实验室定标是在实验室内模拟太空环境，主要通过积分球、钨灯源在实验室内对遥感器成像，根据积分球测得的辐射能量和对应成像图像的数字量化值，得到遥感器各通道的辐射定标系数。

实验室定标便于控制，容易获取定标系数，但传感器在发射和运行期间性能将发生衰变，这时实验室定标参数就会出现偏差。另外，实验室并不能完全模拟太空环境，这也会影响辐射定标的精度。

② 星上定标——星上定标是指在卫星正常运行期间，利用卫星上自带的定标设备对遥感器进行辐射定标。其内容和作用与实验室定标类似，对仪器的光谱特性和辐射特性加以标定，用于对星上获取的数据进行校正。星上定标的定标源有自然辐射源和人工辐射源。自然辐射源常采用太阳、月亮，而人工辐射源常采用标准灯、黑体。星上定标可以分为主动定标和被动定标。主动定标，又称在轨内置定标，采用标准灯、黑体作为光源；被动定标，又称在轨向阳定标，采用太阳、月亮作为光源。其中，标准灯定标、太阳定标和月亮定标用于可见光、近红外和短波红外波段的定标，黑体定标用于中波红外和长波红外波段的定标。

星上定标能够得到卫星运行状态中遥感器的定标系数，但本身也存在一些缺陷。如标准灯定标时的光谱分布与地物目标的光谱分布存在差异，且标准灯的性能会随时间而下降；太阳定标则受几何位置约束，只能在轨道的几个固定位置进行，定标周期较长；而黑体定标对于黑体选择以及温度控制有着极其严格的要求。

③ 场地定标——场地定标指的是遥感器处于正常运行条件下，选择辐射定标场地，通过地面同步测量对遥感器的定标。场地定标可以实现全孔径、全视场、全动态范围的定标，并考虑到了大气传输和环境的影响，但场地定标是最难操作的。

在遥感器飞越辐射定标场地上空时，在定标场地选择若干个像元区，测量成像光谱仪对应地物的各波段光谱反射率和大气光谱等参数，并利用大气辐射传输模型等手段给出成像光谱仪入瞳处各光谱带的辐射亮度，最后确定它与成像光谱仪对应输出的数字量化值的数量关系，求解定标系数，并估算定标不确定性。场地定标的方法主要有反射率法、辐亮度法、辐照度法[12]。

场地定标考虑了大气的影响过程，定标精度较高，但对定标场地要求比较严格，需要测量很多大气光学特征参数。定标场地有绝对定标场地和相对定标场地之分，绝对定标场地一般只需考虑选择若干个满足条件的像元区（如中国目前的敦煌与青海湖绝对定标场），而相对定标场的选建条件要比绝对定标场严格得多，它要求定标场具有足够大的面积，横向与纵向都要大于一幅图像的宽度，而不仅仅是若干像元所覆盖的面积，如格陵兰雪地、南极洲雪地、塔里木沙漠等。

3.1.1.2　大气校正

大气校正的目的是消除大气和光照等因素对地物反射的影响，获得地物反射率、辐射率和地表温度等真实物理模型参数，是定量化应用遥感数据的重要技术。根据大气校正的原理，可以将大气校正的方法分为统计模型和物理模型。统计模型是基于地表变量和 DN 值的相关关系建立的，不需要知道图像获取时的大气条件，具有所需参数少和简单易行的优点。物理模型是根据遥感系统的物理规律建立的，并且可以通过加入新的信息来改正模型。物理模型遥感机理清楚，但是模型复杂，所需参数多且通常难以获取[2,13]。

（1）统计模型

基于统计模型的大气校正方法，既可以进行相对大气校正，也可以实现绝对大气校正。下面主要介绍相对大气校正方法中的内部平均相对反射率法（internal average relative reflectance，IARR）、平场域法（flat field，FF）、对数残差法（log residuals correction，LRC）和绝对大气校正方法的经验线性法（empiricalline calibration，ELC）[7,14-18]。

① 内部平均相对反射率法（LARR）——内部平均相对反射率法是假定一幅图像内部的地物充分混杂，整幅图像的平均光谱基本代表了大气影响下的太阳光谱信息，从而将整幅图像的平均辐射光谱值作为参考光谱，以计算每个像元的光谱曲线与参考光谱曲线的比值，作为相对反射率，由此消除大气影响，亦可消除地形阴影的影响。LARR 的不足之处在于当图像某些位置出现强吸收特征时，参考光谱受其影响而降低，导致其他不具备上述吸收特征的地物光谱出现与该吸收特性相对应的假反射峰，从而使计算结果出现偏差。如对于高植被覆盖的地区存在叶绿素吸收问题，该方法就不太适用，但在没有植被覆盖的干旱地区则能够得到非常好的效果。

② 平场域法（FF）——平场域法是在内部平均相对反射率法的基础上发展而来的。通过选择图像中一块面积大且亮度高，而光谱响应曲线变化平缓的区域（如沙漠、大块水泥地、沙地等）建立平场域，然后利用该区域的平均光谱辐射值来模拟图像获取时大气条件下的太阳光谱。将每个像元的辐射值与该平均光谱辐射值的比值作为地表反射率，用以消除大气的影响。该方法要求平场域自身的平均光谱没有明显的吸收特征。平场域法克服了内部平均相对反射率法易受图像强吸收特征影响而出现假反射峰的弱点，而且计算量更小，但是在选取平场域时存在不确定性，需要对研究区内地物光谱有一定的先验知识。

③ 对数残差法（LRC）——对数残差法的目的是消除光照及地形的影响，假设像元的灰度值 DN_{ij} 只受到反射率 R_{ij}、地形因子 T_i 和光照因子 I_j 的影响，即

$$DN_{ij} = T_i R_{ij} I_j \tag{3-2}$$

式中 DN_{ij}——波段 j 中像元 i 的灰度值；

R_{ij}——波段 j 中像元 i 的反射率；

T_i——像元 i 处表征表面变化的地形因子；

I_j——波段 j 的光照因子。

如果 $DN_{i.}$ 表示像元 i 所有波段的几何均值，$DN_{.j}$ 表示波段 j 对所有像元的几何均值，$DN_{..}$ 表示所有像元在所有波段的几何均值，则有：

$$Y_{ij} = (DN_{ij}/DN_{i.})/(DN_{.j}/DN_{..}) \tag{3-3}$$

由于同一像元在所有波段的地形因子是一样的，同一波段中所有像元的光照因子也是一样的，将式(3-2)代入式(3-3)后，T 和 I 都被约掉了，所以 Y_{ij} 是消除了地形因子和光照因子影响的相对反射率。

④ 经验线性法(ELC)——经验线性法假设在图像覆盖范围内有两个以不同反射特征且反射率值差异较大的物体，分别为暗目标和亮目标。假定图像 DN 值与对应区域的实际反射率 L 间存在线性关系，通过实测各定标点的地面反射光谱值，计算图像上对应像元点的平均辐射光谱，然后利用线性回归建立反射光谱与辐射光谱间的相关关系，计算线性方程式(3-4)的两个系数之后就可以进行像元灰度的反射率反演。

$$L = \text{gain} \times \text{DN} + \text{bias} \tag{3-4}$$

$$\rho = \pi L d_s^2/(E_0 \cos\theta) \tag{3-5}$$

式中 ρ——地物反射率；

gain——传感器的增益；

bias——传感器的偏移量；

d_s——日地天文单位距离；

E_0——太阳辐照度；

θ——太阳天顶角；

DN——灰度值；

L——地物实际反射率。

(2) 物理模型

常见的物理模型包括 6S 模型、LOWTRAN 模型、MORTRAN 模型、ATCOR 模型等大气校正模型[19]。

① 6S 模型——1986 年，法国里尔科技大学大气光学实验室 Tanre 等为了简化大气辐射传输方程，开发了太阳光谱波段卫星信号模拟程序 5S，用来模拟地气系统中太阳辐射的传输过程并计算卫星入瞳处辐射亮度。1997 年，Eric Vemote 对 5S 进行了改进，发展到 6S，6S 吸收了最新的散射计算方法，使太阳光谱波段的散射计算精度比 5S 有所提高。6S 模型在假定无云大气的情况下，考虑了水汽、CO_2，O_3 和 O_2 的吸收、分子和气溶胶的散射。6S 光谱积分的步长从 5 nm 改进到 2.5 nm，相比于 5S，它可以模拟机载观测、设置目标高程、解释 BRDF 作用和临近效应。该模型采用了最新近似和逐次散射 SOS 算法来计算散射和吸收，它不仅可以模拟地表非均一性，还可以模拟地表双向反射特性。

6S 模型大气校正的过程主要是将大气参数、传感器参数和地表参数等输入到模型中，输入部分主要包括五个部分[19-20]：太阳、地物与传感器之间的几何关系、大气模式、气溶胶模式、传感器的光谱特性、地表反射率。这五个部分构成了大气辐射传输模型的全过程，考虑并且模拟了太阳辐射经过大气效应到达地表，然后由地表反射通过大气效应到达传感器的整个太阳辐射传输过程，而且还考虑了地表朗伯体和非朗伯体反射两个方面。模型自动运算输出一些大气参数和大气校正系数。

② LOWTRAN 模型——LOWTRAN 模型是美国空军地球物理实验室研制的，目前流行的版本是 LOWTRAN 7；它增加了多次散射的计算及 O_3 和 O_2 在紫外波段的吸收参数。LOWTRAN 7 模型提供了 6 种参考大气模式的温度、气压、密度的垂直廓线；H_2O、O_3、O_2、CO_2、CH_4、N_2O 混合比垂直廓线及其他 13 种微量气体的垂直廓线；城乡大气气溶胶、雾、沙尘、火山喷发物、云、雨廓线和辐射参量（如消光系数、吸收系数、非对称因子）的光谱分布；还包括地外太阳光谱。

③ MORTRAN 模型——MORTRAN 模型主要是对 LOWTRAN 7 模型的光谱分辨率进行了改进[21]，它把光谱分辨率从 20 cm^{-1}减少到 2 cm^{-1}，发展了一种 2 cm^{-1}光谱分辨率的分子吸收算法，更新了对分子吸收的气压与温度关系的处理，同时维持 LOWTRAN 7 的基本程序和使用结构。ENVI 软件中提供的 FLAASH 大气校正模型就是使用了改进的 MORTRAN 模型的代码。

FLAASH 大气校正模型是在美国空军研究实验室的支持下，由波谱科学研究所（Spectral Sciences Inc.）研究开发的大气校正模块。该研究所对 MODTRAN 模型的研究已有多年历史，FLAASH 模型基于 MODTRAN 模型的辐射传输计算方法，广泛适用于高光谱遥感数据和多光谱遥感数据的大气校正，反演水汽、气溶胶等参数，适用于波长范围为 0.3～3 μm的可见光、近红外和短波红外，能精确补偿大气影响。

④ ATCOR 模型——ATCOR 大气校正模型是由德国 Wessling 光电研究所的 Rudolf Richter 博士于 1990 年研究提出的一种快速大气校正算法，并且经过大量的验证和评估。该模型已经广泛应用于很多的通用影像处理软件，如 PCL、ERDAS 等。ATCOR2 模型是 ATCOR 经历了多次改进和完善后的产品，1999 年和 2000 年 ATCOR-3 及 ATCOR-4 模型适用范围推广到更广阔的山区，但受当地气候的控制，新模块需要进一步完善。ATCOR-2 是一个应用于高空间分辨率光学卫星传感器的快速大气校正模型，它假定研究区是相对平坦的地区并且大气状况通过一个查找表来描述。在具体实施过程中将针对太阳光谱区间和热光谱范围进行计算。

3.1.2　几何校正

在遥感成像过程中，传感器生成的图像像元相对于地面目标物的实际位置发生了挤压、扭曲、拉伸和偏移等，这一现象称为几何变形。造成遥感图像几何变形主要有三个因素：一是传感器自身因素，如透镜的畸变像差、透镜的焦距误差；二是遥感平台因素，如高度变化、速度变化、轨道偏移及姿态变化等；三是地球因素，如地球自转、地形起伏和地球曲率等。遥感图像的几何形变会给遥感图像的定量分析、变化监测、图像融合、地图测量等处理带来很大的误差，所以需要针对图像的几何变形进行校正，也就是几何校正[2]。

遥感图像的几何校正分为几何粗校正和几何精校正。几何粗校正是根据产生形变的原因，利用空间位置变化关系，采用计算公式和辅助参数进行校正，又称为系统几何校正。用户获取的遥感图像一般都已经做过了几何粗校正处理。几何精校正是在粗校正的基础上，使图像的几何位置符合某种地理坐标系统，与地图配准并调整亮度值，即利用地面控制点做精密校正。

几何精校正主要有两个过程：一是空间位置（像元坐标）的变换；二是像元灰度值的重新计算，即像元重采样。

3.1.2.1 坐标变换

在输出图像边界及其坐标系统确立后，就可以按照选定的纠正变换函数把原始数字图像逐个像素变换到图像储存空间中去。坐标变换有两种方法——直接法和间接法（图 3-1）。

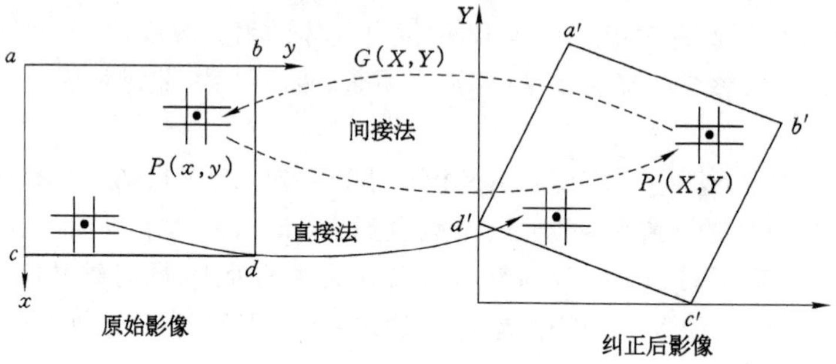

图 3-1 直接法和间接法坐标变换

直接法从原始图像阵列出发，依次计算每个像元在校正后图像中的坐标。直接法输出的像元值不会发生变化，但校正后图像中的像元分布不均匀。间接法从校正后图像阵列出发，依次计算每个像元在原始图像中的位置，然后计算原始图像在该位置的像元值，再将计算的像元值赋予校正后图像像元。此方法能保证校正后图像上像元在空间均匀分布，但需要进行像元值的重采样，是最常用的几何校正方法。

不管是直接法还是间接法，都需要通过选取地面控制点来获取同名像点的原始图像坐标和参考系统坐标，建立图像坐标与其同名点的地面坐标之间的关系多项式，通过平差原理计算多项式中的系数，然后用该多项式对图像进行校正[7]。

关于地面控制点（Ground Control Point，GCP）的选取应遵循以下原则[3]：

① 地面控制点需在图像上有明显的、清晰的识别标志，如道路交叉点、河流交叉点、建筑边界、农田界线、湖泊边缘、飞机场、城郭线等；

② 地面控制点上的地物不随时间变化，以保证当两幅不同时间的图像或地图进行几何校正时可以同时识别出来；

③ 在没有做过地形校正的图像上选择控制点时，应在同一地形高度上进行；

④ 地面控制点应当均匀地分布在整幅图像内，且要有一定的数量保证大于多项式校正模型的未知参数个数，n 次多项式控制点的最少数目为$[(n+1)(n+2)/2]$。

地面控制点的数量、分布和精度直接影响几何校正的效果，地面控制点分布越均匀、数量越多，校正的可靠性越高。

3.1.2.2 重采样

图像经过坐标变换之后，像元中心位置通常会发生变化，其在原始图像中的位置不一定是整数行或整数列，因此需要根据校正后图像各像元在原始图像中对应的位置，对原始图像按一定的规则进行重采样。通过对栅格值重新计算，建立新的栅格矩阵。重采样就是根据原始图像的像元信息内插为新的像元信息。遥感图像最常用的灰度值重采样方法有最近邻法、双线性内插法和三次卷积内插法[6-7,13]。

(1) 最近邻法

最近邻法是将最邻近的像元值赋予新像元。如图 3-2 所示，取距离被采样点最近的已知像素元素的(N)亮度 I_N 作为采样亮度。

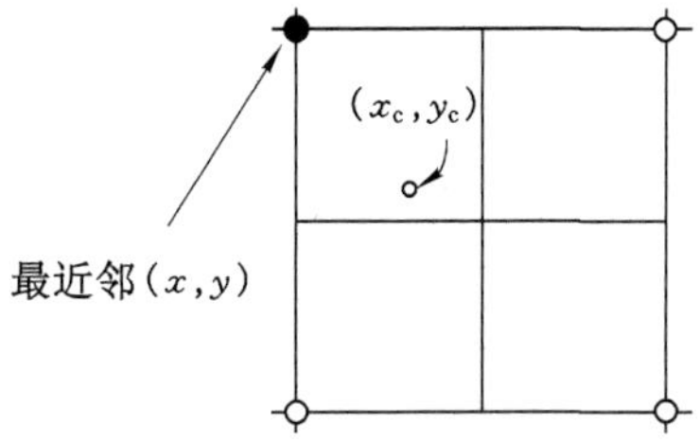

图 3-2　最近邻采样法示意图

采样函数为：

$$W(x_c, y_c) = 1 \quad (x_c = x_N, y_c = y_N) \tag{3-6}$$

采样亮度为：

$$I_p = W(x_c, y_c) I_N = I_N \tag{3-7}$$

式中，

$$x_N = 取整(x_p + 0.5) \tag{3-8}$$

$$y_N = 取整(y_p + 0.5) \tag{3-9}$$

该方法的优点是简单，处理速度快，且不会改变原始栅格值，但该方法最大可能产生半个像元大小的位移。由于最近邻法改变图像光谱信息，一般用于数据的预处理，能保证后期数据定量分析(如进行图像自动分类)的准确性。另外，由于专题图的图像数值具有特殊含义，采用的也是最近邻法，如土地利用专题图。最近邻法的缺点是处理后的图像不够平滑。

(2) 双线性内插法

双线性内插法使用邻近 4 个像元的亮度，按照其距内插点的距离赋予不同的权重，即线性内插(图 3-3)。

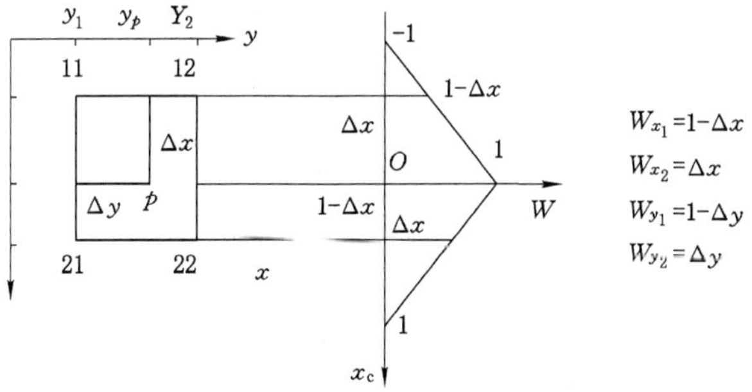

图 3-3　双线性内插法示意图

重采样函数是对辛克函数的更粗略近似，可以用图 3-3 所示的一个三角形线性函数表达：

$$W(x_c) = 1 - |x_c| \quad (0 \leqslant |x_c| \leqslant 1) \tag{3-10}$$

当实时双线性内插时，需要被采样点 p 周围 4 个已知像素的亮度值参与计算，即

$$I_p = W_x \times I \times W_y^{\mathrm{T}} = [W_{x1} \quad W_{x2}]\begin{bmatrix} I_{11} & I_{12} \\ I_{21} & I_{22} \end{bmatrix}\begin{bmatrix} W_{y1} \\ W_{y2} \end{bmatrix} \tag{3-11}$$

式中，

$$\begin{cases} W_{x1} = 1 - \Delta x \\ W_{y1} = 1 - \Delta y \\ W_{x2} = \Delta x \\ W_{y2} = \Delta y \end{cases}$$

该方法具有平均化的滤波效果，边缘受到平滑作用而产生一个比较连贯的输出图像。缺点是破坏了原来的像元值，影响分类结果。

(3) 三次卷积内插法

三次卷积内插法较为复杂，它是使用内插点周围的 16 个像元值，用三次卷积函数进行内插(图 3-4)。

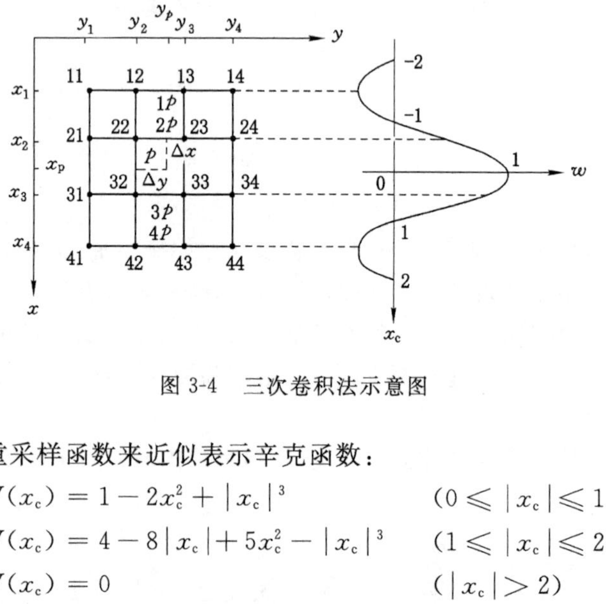

图 3-4　三次卷积法示意图

采用一个三次重采样函数来近似表示辛克函数：

$$\begin{cases} W(x_c) = 1 - 2x_c^2 + |x_c|^3 & (0 \leqslant |x_c| \leqslant 1) \\ W(x_c) = 4 - 8|x_c| + 5x_c^2 - |x_c|^3 & (1 \leqslant |x_c| \leqslant 2) \\ W(x_c) = 0 & (|x_c| > 2) \end{cases} \tag{3-12}$$

式中，x_c 定义为以被采样点 p 为原点的邻近像素 x 坐标值，其像素间隔为 1，把函数式(3-12)作用于图像 y 方向时，只需把 x 换为 y 即可。

设 p 点为被采样点，它距离左上方最近像素(22)的坐标差 $\Delta x, \Delta y$ 是一个小数值，即：

$$\Delta x = x_p - \text{取整}(x_p) = x_p - x_{22} \tag{3-13}$$

$$\Delta y = y_p - \text{取整}(y_p) = y_p - y_{22} \tag{3-14}$$

当利用三次函数对 p 点亮度重采样时，需要 p 点邻近的 4×4 个已知像素 (i,j) $(i=1,2,3,4;j=1,2,3,4)$ 的亮度 (I_{ij}) 参与计算。

内差点 p 的亮度值为：

$$I_{\mathrm{p}} = W_x \times I \times W_y^{\mathrm{T}} \tag{3-15}$$

式中，

$$W_x = [W_{x1} \quad W_{x2} \quad W_{x3} \quad W_{x4}]$$

$$W_y = [W_{y1} \quad W_{y2} \quad W_{y3} \quad W_{y4}], I = \begin{bmatrix} I_{11} & I_{12} & I_{13} & I_{14} \\ I_{21} & I_{22} & I_{23} & I_{24} \\ I_{31} & I_{32} & I_{33} & I_{34} \\ I_{41} & I_{42} & I_{43} & I_{44} \end{bmatrix}$$

$$W_{x1} = -\Delta x + 2\Delta x^2 - \Delta x^3, W_{y1} = -\Delta y + 2\Delta y^2 - \Delta y^3$$

$$W_{x2} = 1 - 2\Delta x^2 + \Delta x^3, W_{y2} = 1 - 2\Delta y^2 + \Delta y^3$$

$$W_{x3} = \Delta x + \Delta x^2 - \Delta x^3, W_{y3} = \Delta y + \Delta y^2 - \Delta y^3$$

$$W_{x4} = -\Delta x + \Delta x^3, W_{y4} = -\Delta y + \Delta y^3$$

这种方法对边缘有所增强，并具有均衡化和清晰化的效果，但是它也破坏了原来的像元值且计算量较大。当不需要再进行基于光谱分析的数据处理而只用于制图表达时可采用此方法。

3.1.3 图像镶嵌

由于传感器一次成像的覆盖区域总是有限的，如果分析的区域包含两景以上图像，需要对研究区完整的图像进行总体分析，实现这一目标的方法就是图像镶嵌。图像镶嵌是指将两景或多景遥感图像按照统一坐标系和灰度要求拼接在一起，构成一幅整体图像的过程[4,6]。

通常镶嵌需要考虑图像间的地理坐标关系，需要对每景图像分别进行图像匹配与几何校正，将它们变换到统一的坐标系中，然后进行裁剪和重叠区处理，再将裁剪后的多景图像镶嵌在一起，消除色彩差异，最后形成一幅镶嵌图像。

图像镶嵌的主要流程包括预处理、配准与几何校正、重叠区拼接、色调调整、镶嵌处理和质量评价等。其中图像配准、镶嵌线生成与重叠区处理、色调调整是关键。

(1) 预处理

依据图像特点和应用需要，进行辐射校正、去条带、去斑点噪声等处理，同时需要确定有效值、图像波段选择等。

(2) 图像配准

图像配准是指对来源于不同时间、不同传感器或不同视角的同一区域的两景或多景遥感图像进行匹配、叠加的过程。对于没有经过几何精校正的图像或者图像之间地理坐标偏差比较大时，通过人工或自动匹配算法，把待校正图像变换到参考影像上。主要方法有基于灰度的图像配准法、基于特征的图像配准法及综合法等。

(3) 拼接线确定与重叠区处理

利用图像之间的重叠区，通过几何特征和灰变值计算等方法设置拼接线，确定图像拼接的接缝。在待镶嵌图像的重叠区内选择一条曲线，使得拼接后曲线两侧的亮度变化不显著或最小时，就认为这条曲线是拼接线。拼接线的生成有人工和自动等多种方法，如灰度差最小法、中线法和地形法。

(4) 色调调整

由于镶嵌使用的图像往往成像于不同时间，加上成像质量、边缘减光以及后期处理不同等原因，相邻图像间的亮度也难免存在一定差异。色调调整主要是为了解决相邻图像的灰度色调差异的影响，避免出现明显的镶嵌痕迹，实现图像的无缝拼接。调整的原则以反差适中、影像清晰、色彩美观、信息丰富等为准则，主要方法有基于统计分析的调整法、基于图像变换的调整法和基于拼接羽化的调整法。

3.1.4 图像融合

多源遥感影像融合是指对来自多个传感器的影像进行多级别、多方面、多层次的处理过程，包括对影像进行检测、联合、相关、估计和组合，以达到最大限度发挥各种影像的技术优势，充分表达地物信息的目的[4]。多源遥感影像融合通过集成和整合优势互补的数据来提高影像的可用程度，同时增加对研究对象解译、辨识的可靠性[22]，其目的在于：

(1) 提高空间分辨率。采用高分辨率的全色影像与低分辨率的多光谱影像进行融合，在基本保留多光谱信息的同时，使影像的总体空间分辨率得到提高。

(2) 增强目标特征。多传感器影像融合可以增强影像的解译能力，并可以得到单一传感器难以得到的增强特征信息。

(3) 提高分类精度。多源遥感影像可以提供互相补充的信息来对地面物体进行分类和解译。

(4) 动态监测。由于不同的遥感卫星平台回访周期不同，同一区域在不同的时间内被不同的卫星重复观测，将不同时相的影像融合后经适当解译就可以得到相应的动态信息。

(5) 信息互补。不同的图像传感器由于其观测功能的片面性，不能全面反映地物的整体信息，将不同类型或不同时相的传感器数据进行针对性融合可以实现信息互补。

根据融合信息抽象的程度可以将遥感影像融合划分为像元级、特征级和决策级三个层次。其中，像元级融合仍然是目前研究并应用最多的融合级别，它能够较充分地利用原始影像中包含的信息量，综合集成各信息数据的优点。融合的方法有很多，常见的方法有基于主成分变换、基于 IHS 变换、基于高通滤波的融合方法等。

3.1.5 特征变换和特征提取

遥感图像自动识别分类主要依据地物的光谱特性，也就是传感器所获取的地物在不同波段的光谱测量值。随着遥感技术的发展，获得遥感图像的波段数不断增多。多光谱遥感数据大量的光谱波段为我们了解地物提供了极其丰富的遥感信息，这必然有助于完成更加细致的遥感地物分类和目标识别，然而波段的增加也必然导致信息冗余和数据处理变得复杂[1,6]。

虽然每一种图像数据都可能包含了一些可用于自动分类的信息，但就某些指定的地物分类而言，并不是所获得的全部波段图像数据都有用，如果不加区别地将大量原始图像直接用来分类，不仅数据量太大，计算复杂，而且分类的效果也不一定好。

(1) 特征变换

为了把有用的信息尽可能地集中在较少的、互不相关的或各自包含不同信息的新的变量(波段)中，需对多波段图像在光谱特征空间进行一些变换，称为特征变换。特征变换的作用表现在两个方面：一方面减少特征之间的相关性，使尽可能少的特征来最大限度地包含所有原始数据的信息；另一方面使得待分类别之间的差异在变换后的特征中更明显，从而改善分类效果。

特征变换将原始图像通过一定的数学变换生成一组新的特征图像，这一组新图像信息集中在少数几个特征图像上，这样数据量有所减少。主成分变换就是特征变换的一种，除此之外，遥感图像自动分类中常用的特征变换还有哈达玛变换、生物量指标变换、比值变换以及缨帽变换等。

(2) 特征选择

在遥感图像自动分类过程中，不仅使用原始遥感图像进行分类，还使用以上所述的多种特征变换之后的图像。总希望能用最少的图像数据进行最好的分类，这样就需要在这些特征图像中选择一组最佳的特征图像进行分类。也就是说，在很多情况下，利用少量特征进行遥感图像的专题信息分类，需要从原有的 m 个测量值(特征)集合中，按某一准则选择出最佳的 $n(n \leqslant m)$ 个特征，把从 m 个特征中选取 n 个更有效特征的过程称为特征选择。

特征选择的问题与所希望区分的类别以及图像本身的特征有关。比如当希望研究植被类别、生长情况等，那么选择生物量指标变换图像就比较有利。区分两类类似的地物(如玉米和大豆)，则选取用适宜时间的图像进行分类。又如，对山地植被分类选用比值变换后图像能消去地形影响。由于某些地物在波段图像间的相关性也直接影响分类精度，因此选择特征时也应注意在变换的图像中，有的分量包含的信息量大，有的分量噪声很大，比如主成分变换，大量信息集中在第一、第二主分量中，所以一般只选择这两个图像参与分类。

除了以上的特征选择方法之外，更多时候必须借助一些定量的方法来特征选择，通常包括距离测度和散布矩阵测度等。

特征变换和特征选择既能减少参加分类的特征图像的数目，又从原始信息中抽取出更好进行分类的特征图像，是遥感图像分类前一个很重要的处理过程。

3.2　微波遥感数据预处理

微波作为一种电磁波形式，与紫外线、可见光、红外线等共同构成电磁波谱，其中利用微波信号进行遥感探测的一种技术称为微波遥感。它是利用传感器接收地面上各种散射地物发射或者反射的微波信号，获取地物的散射信息，以达到对地面目标进行识别、分析、解译的一种遥感技术[17]。

目前使用最广的微波遥感成像系统是合成孔径雷达(SAR)成像系统。SAR 是一种用于创建二维或三维地表物体图像的成像系统[23]。SAR 技术通过相干方式获取地物不同状态下的散射信号，相比于光学传感器而言，可以提供丰富的地物散射信息和极化干涉信息，在目标和场景解译方面得到了广泛应用。由于地物散射机理的复杂性，特别是复杂地形的影响，大大增加了 SAR 图像解译的难度和复杂度。地形的影响最大，主要表现在以下两个方面：一是地形引起透视收缩、叠掩、阴影等几何畸变；二是引起雷达成像时地物后向散射面积的变化及局部入射角的变化导致地物散射机理变化[24]。本书主要介绍 SAR 数据的预处理，包括辐射校正、多视处理、滤波和正射校正等，同一个地区的不同时相的数据还需要进行配准[2]。

3.2.1　辐射校正

图 3-5 所示为地形起伏所造成辐射畸变的四种散射区域，不同散射区域用不同的颜色框圈出。由先验知识可知，影像所覆盖的区域大部分为草原，若是没有地形起伏的影像，图像的像元值应该一致，但是，由图易见四个散射区域的亮度值为 $DN_A > DN_B > DN_D > DN_C$。而且影像中由于阴影区(黄色区域)的存在，导致影像像元值为零和造成地物信息空白，因此

需要进行辐射校正[25-26]。

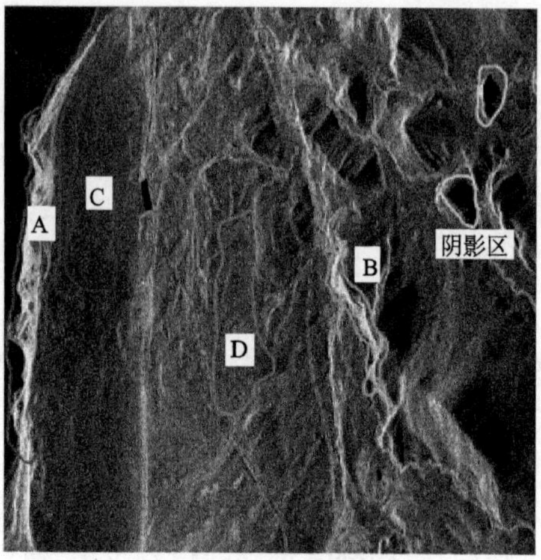

图 3-5　地形起伏造成的辐射畸变

图 3-6 是 SAR 影像地形辐射校正方法的分类图，SAR 影像地形辐射校正方法主要分为两大类：地距几何下的 SAR 影像地形辐射校正和斜距几何下的 SAR 影像地形辐射校正[26]。

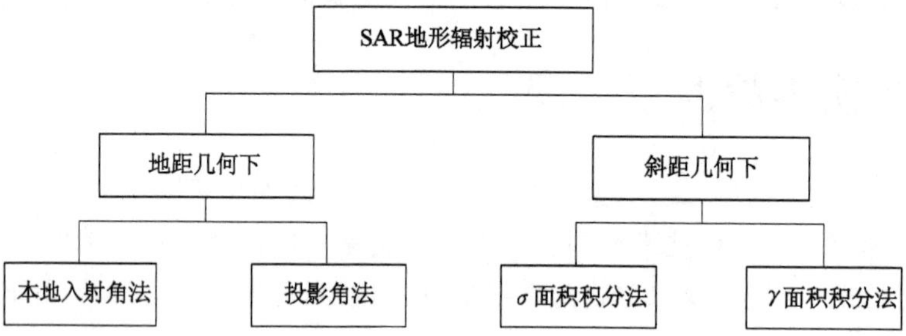

图 3-6　SAR 影像地形辐射校正分类图

3.2.1.1　地距几何下的 SAR 影像地形辐射校正

地距几何下的校正方法需要先进行几何校正，再进行辐射校正。地距几何下的校正方法根据计算散射单元面积所用的参考角度不同，又可分为本地入射角法和投影角法。

SAR 地形辐射校正的核心思想就是解决成像面散射单元和地面散射单元之间的关系。假设实验区地面没有地形起伏，目标后向散射系数可近似表示为：

$$\sigma^0 = \beta^0 \sin\theta \tag{3-16}$$

式中　σ^0——目标后向散射系数；

β^0——雷达图像亮度；

θ——雷达入射角。

当地面存在地形起伏时，需要考虑地面的实际地形起伏，利用高精度 DEM 数据计算地面有效散射面积，成像面散射单元 $d\beta$ 和实际地面散射单元 $d\sigma$ 之间的几何关系可以用本地入射角 η 或投影角 φ 来表示，见式(3-17)和式(3-18)：

$$d\sigma = \frac{d\beta}{\sin \eta} \tag{3-17}$$

$$d\sigma = \frac{d\beta}{\cos \varphi} \tag{3-18}$$

因此，地距几何下的本地入射角法和投影角法两种 SAR 地形辐射校正方法的计算公式分别为式(3-19)和式(3-20)：

$$\sigma^0 = \beta^0 \sin \eta \tag{3-19}$$

$$\sigma^0 = \beta^0 \cos \varphi \tag{3-20}$$

(1) 本地入射角计算方法

本地入射角为雷达视向量 $\boldsymbol{R}_{ts}$ 和 $\boldsymbol{n}$ 之间的夹角。$\boldsymbol{R}_{ts}$ 可由成像时传感器位置矢量与目标的位置矢量求得，而传感器位置矢量可由 SAR 影像参数得到。因此，本地入射角的计算公式：

$$\eta = \arccos\left(\frac{\boldsymbol{n} \times \boldsymbol{R}_{ts}}{|\boldsymbol{n}| \times |\boldsymbol{R}_{ts}|}\right) \tag{3-21}$$

本地入射角可以在 SAR 影像几何校正的过程中作为副产品生成，最后利用式(3-19)进行地形辐射校正。

(2) 投影角计算方法

投影角的计算包括两种方法：第一种方法是利用成像面法线和地面单元法线的夹角求得，第二种方法是在不知成像面法线向量的前提下，利用地面单元的局部坡度和坡向求得。尽管两种方法计算公式不同，但并没有本质区别。

第一种方法的关键在于如何求得成像面法线向量 $\boldsymbol{m}$，$\boldsymbol{m}$ 可由方位向量 $\boldsymbol{R}_{ts}$ 和 $\boldsymbol{R}_{az}$ 进行叉乘计算得到，如式(3-22)所示：

$$\boldsymbol{m} = \boldsymbol{R}_{ts} \times \boldsymbol{R}_{az} \tag{3-22}$$

因此投影角的计算公式为：

$$\varphi = \arccos\left(\frac{\boldsymbol{n} \times \boldsymbol{m}}{|\boldsymbol{n}| \times |\boldsymbol{m}|}\right) \tag{3-23}$$

第二种方法是 Ulander 1996 年提出的，它是利用 $\boldsymbol{n}$ 在方位向的分量 $\boldsymbol{u}$、距离向分量 $\boldsymbol{v}$ 及地面单元的入射角 θ 之间的关系来计算投影角。Ulander 提出的投影角计算公式：

$$\varphi = \arccos(\sin \theta \times \cos u + \cos \theta \times \sin u \times \sin v) \tag{3-24}$$

最后，利用式(3-20)进行地形辐射校正。

利用本地入射角和投影角计算方法对 SAR 影像进行处理，处理结果分别如图 3-7(a)、图 3-7(b)所示。

3.2.1.2 斜距几何下的 SAR 影像地形辐射校正

斜距几何下的校正方法是先进行辐射校正，再进行几何校正。斜距几何下的校正方法因利用 DEM 数据计算斜距影像像元所对应的散射积分面积又被称为面积积分法，因而，该方法根据所求散射积分面积可被分为 σ 面积积分法(基于地面表征)和 γ 面积积分法(基于成像面表征)，公式分别是式(3-25)和式(3-26)：

$$\sigma^0(r,a) = \frac{\beta^0 \delta_r \delta_a}{\sum_{(N,E)\in A} d\sigma_{DEM}(N,E)} = \frac{\beta^0 A_\beta}{A_{\sum\sigma}} \tag{3-25}$$

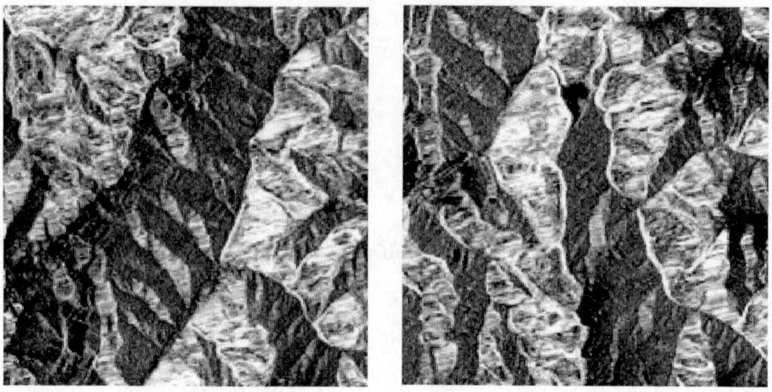

(a)　　　　(b)

图 3-7　迪庆实验区本地入射角和投影角处理结果

(a) 本地入射角；(b) 投影角

式中，(r,a) 表示斜距 SAR 影像的行列号；(N,E)表示地距几何下 DEM 数据的行列号；$\sigma^0(r,a)$表示 σ 面积积分法校正后的后向散射系数；$\sum_{(N,E)\in A} d\sigma_{DEM}(N,E)$ 在本书中简写为 $A_{\sum\sigma}$；$A_{\sum\sigma}$ 表示 σ 散射积分面积。

$$\sigma^0(r,a)=\frac{\beta^0\delta_r\delta_a\cos\theta}{\sum\limits_{(N,E)\in A} d\gamma\sigma_{\mathrm{DEM}}(N,E)}=\frac{\beta^0 A_\beta\cos\theta}{A_{\sum\gamma}} \tag{3-26}$$

式中，$\sigma^0(r,a)$为 γ 面积积分法校正后的归一化后向散射系数；$\sum_{(N,E)\in A} d\gamma\sigma_{DEM}(N,E)$ 简写为 $A_{\sum\gamma}$，表示 γ 散射积分面积。

利用 σ 面积积分法和 γ 面积积分法对 SAR 影像进行处理，处理结果分别如图 3-8(a)和图 3-8(b)所示。

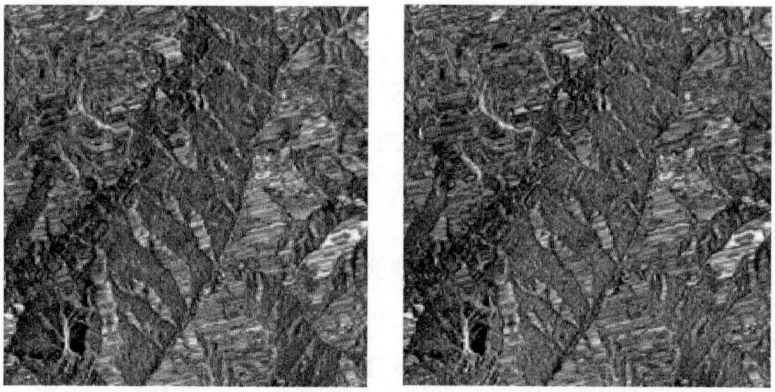

(a)　　　　(b)

图 3-8　迪庆实验区 σ 面积积分法和 γ 面积处理结果积分法

(a) σ 面积积分法；(b) γ 面积积分法

3.2.2　多视处理

雷达成像系统是以分布式均一地表的后向散射强度的积分为基础，但相对单频率单一极化微波，同一地表散射单元中含有许多较小的散射体，较小散射体的后向散射强度相干叠加，产生一些随机的强弱变化，同时相邻散射单元的后向散射也会相干叠加，这样导致图像上出现斑点分布的现象称为斑点噪声[2,26]，见图 3-9。

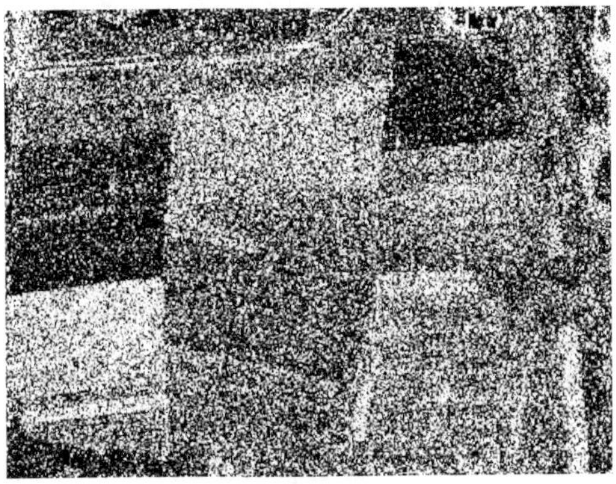

图 3-9　SAR 影像

斑点噪声是由电磁波的相干现象所导致，属于乘性噪声，是不可避免的。为了抑制斑点噪声获取高质量的图像，必须进行针对乘性噪声的卷积空间滤波或者多视处理等。

多视处理的实现通常是将干涉图划分为固定大小的子块，每一子块的复均值作为一个像素取代对应子块，形成多视干涉图。在消除噪声的同时，降低了图像的空间分辨率，实现数据量的压缩。对于 ERS 数据，地距分辨率(约为 20 m)，是方位分辨率(3.9 m)的 5 倍。为了使干涉图的分辨单元对应的实际区域近似为正方形，通常选取 5×1 或 10×2 的窗口进行多视处理[27]。5×1 多视处理的实现示意图见图 3-10。

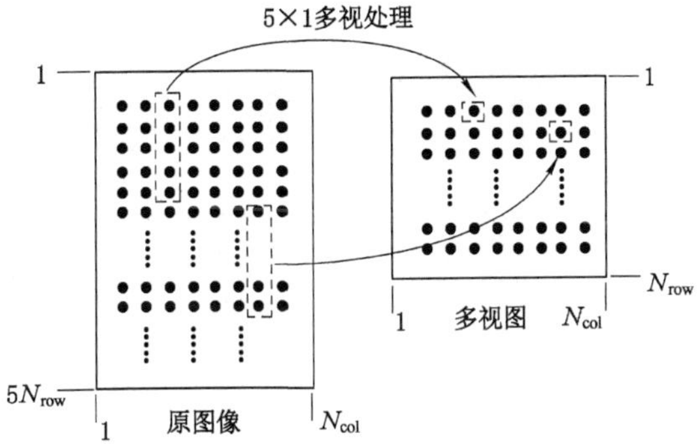

图 3-10　5×1 多视处理实现示意图

多视处理提高了雷达图像的辐射分辨率，但是降低了其空间分辨率。多视处理包括距离向多视和方位向多视[2]。由于合成孔径雷达方位向的理论分辨率(等于 $D/2$，其中 D 为雷达天线的长度)比实际要求的分辨率要高许多，故方位向多视处理要比距离向多视处理应用广泛得多。基本有两种多视处理的方法[28]：

① 在成像处理后进行，成像处理时保持原来的分辨率，成像后用降低分辨率的方法非相干叠加；

② 在成像处理的过程中进行，成像处理时，首先将分辨率降低，将方位向或距离向的频

谱分割为若干部分(每个部分对应一个视),每个视单独成像后,最后再进行非相干处理。

3.2.3 空间滤波

在完成多视处理后,继续对图像进行空间滤波处理,滤波方法一般是利用一个滑动窗口,对窗口内的像素进行加权求和以得到窗口中心点的像素灰度值,具体算法包括 Lee 滤波、精致 Lee 滤波、Gamma 滤波、Mean 滤波等[2]。其中精致 Lee 滤波应用最为广泛,下面主要介绍精致 Lee 滤波[26]。

精致极化 Lee 滤波是针对极化 SAR 数据的特点,将经典的 Lee 滤波方法移植到极化 SAR 数据上演化而来的滤波方法,是一种简化参数的滤波方法[29]。基本原理是用模板窗口对极化 SAR 影像的总功率(Span)图进行卷积匹配来确定同质区,主要包括 3 个过程:首先利用建立的模板来区分滤波窗口的同质区和非同质区,接着利用同质区内极化 SAR 影像的总功率值来计算滤波系数,最后按照一定的表达式对矩阵进行重新估计[29-30]。具体滤波步骤如下:

(1) 利用采集窗口卷积移动来计算梯度判别窗口。采集窗口在滤波窗口内不断移动,将每移动一次采集窗口内像元功率值相加,并放入到梯度判别窗口内相应的位置中。梯度判别窗口大小为固定值 3×3。而采集窗口的大小取决于滤波窗口的大小。当滤波窗口的大小为 3、5、7、9、11 时,采集窗口为 1、3、3、5、5。

(2) 利用梯度判别窗口确定滤波窗口的同质区和非同质区。利用梯度判别窗口计算滤波窗口内 8 个方向的最大梯度值,并根据梯度方向确定滤波窗口内的同质区。8 个梯度方向的同质区与非同质区如图 3-11 所示,黑色代表非同质区,白色代表同质区。

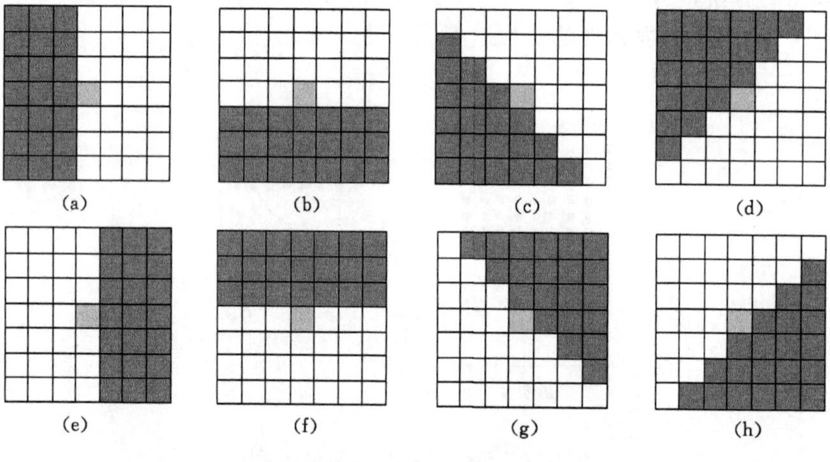

图 3-11 精致 Lee 滤波梯度判别窗口

(a) 方向 1;(b) 方向 2;(c) 方向 3;(d) 方向 4;(e) 方向 5;(f) 方向 6;(g) 方向 7;(h) 方向 8

(3) 由同质区的功率值计算滤波系数 κ:

$$\kappa=\frac{\mathrm{var}(y)-\bar{y}^2\sigma_y^2}{(1+\sigma_v^2)\mathrm{var}(y)} \tag{3-27}$$

式中 $\mathrm{var}(y)$——滤波窗口中像元功率值的方差;

$\bar{y}$——窗口内像元功率值的期望;

σ_v^2——斑点噪声的方差。

（4）重新估计各极化通道的像素值。将步骤（3）中得到的滤波系数 κ 代入式（3-28）中，对极化协方差矩阵的元素值进行重新估计，得到滤波后的极化 SAR 影像。

$$\hat{z} = \bar{Z} + \kappa \cdot (Z - \bar{Z}) \tag{3-28}$$

式中　$\hat{z}$——滤波后的协方差矩阵；

$\bar{Z}$——滤波窗口内像元协方差矩阵的数学期望；

Z——滤波窗口内中心像元的协方差矩阵。

图 3-12 为陵水实验区精致 Lee 滤波前后的 SAR 影像 Pauli RGB 彩色合成图。

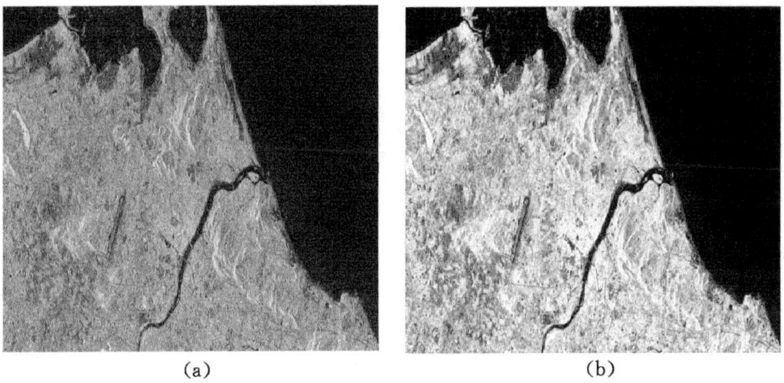

图 3-12　陵水实验区精致 Lee 滤波前后影像（PauliRGB）
（a）滤波前；（b）滤波后

3.2.4　正射校正

由于 SAR 侧视成像的特点，地形起伏会对 SAR 影像造成很大的几何畸变，导致产生透视收缩、叠掩、阴影等现象，对图像造成的影响如图 3-13 所示：

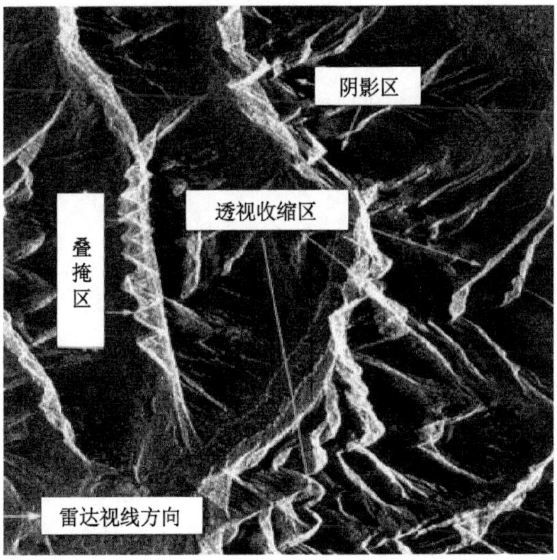

图 3-13　地形效应造成的几何畸变[16]

（1）透视收缩。出现在距离向，是指图像依比例尺测量距离比实际距离小的特征。收缩的大小随波束入射角的变化而变化，例如，山坡这样的目标，即使前、后坡的大小一样，根据透视收缩的原理，使得图像正对波束的一面较窄，而背对波束的一面较宽。

（2）顶底位移。雷达是距离成像，目标距天线的距离越近，成像则越靠近航迹钱，因此，高出地面的物体的影像靠近航迹线，而低于地面的物体的影像远离航迹线。顶底位移的大小同物体的高度和波束的入射角有关。

（3）阴影。雷达成像是侧视的，发射的电磁波沿直线传播，因此高的物体阻挡雷达发射的电磁波，而位于高物体之下的地物不能反射电磁波，不能成像，从而形成阴影。阴影的大小与物体的高度、雷达天线的俯角以及背坡坡角有关。

（4）叠掩。多个目标由于斜距相同，它们在影像上具有相同的位置，使该点的灰度值很大，这种现象称为叠掩。

为了解决以上问题，针对雷达影像的正射校正主要包括两种：一种为基于 SAR 模拟影像的正射校正，另外一种为基于距离多普勒方程的正射校正[31]。

（1）基于 SAR 模拟影像的正射校正

SAR 影像模拟技术的重要应用之一就是影像的正射校正，其基本思路是：利用成像参数对进行模拟成像，建立与模拟影像之间的映射关系，再通过影像匹配，建立模拟影像与真实影像之间的映射关系。这样就可以推导出与真实影像之间的映射关系，继而用这种映射关系实现真实影像的正射校正，如图 3-14 所示。

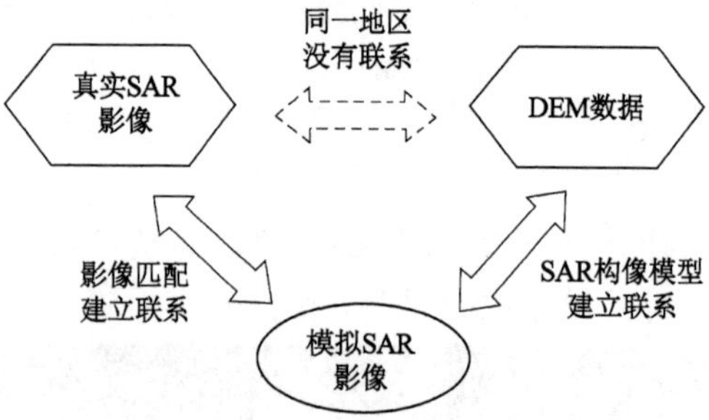

图 3-14　基于影像模拟技术的 SAR 影像正射流程示意图

在 SAR 正射校正中，通常采用地理编码方法。根据运算方法的不同，地理编码可分为直接定位法和间接定位法。

直接定位法的输入数据是影像上某点 P 的行列坐标 (i,j)，输出数据是对应地面点 S 的地理经纬坐标 (B,L)，可表达为：

$$S(B,L) = f(P(i,j),H) \tag{3-29}$$

其中 H 是目标点的高程，一般都假设为 0，因为在没有对影像点进行定位之前是不知道对应的 H 值的。这种方法未考虑地形的变化，将地面描述为一个高程固定的椭球面，因此只适用于平原地区。

间接定位法可以看作直接定位法的逆运算，即通过地面点的经纬度坐标和大地高 (B,L,H)，确定影像中对应点 P 的行列坐标 (i,j)，可表达为：

$$P(i,j) = g(S(B,L),H) \tag{3-30}$$

间接定位法考虑了地形的影响，在高精度的轨道数据支持下，可以很好地进行地理编码处理。然而通常境况下，从元数据中提取的轨道并不足够精确，尤其是对于卫星状态矢量记录的时间间隔较长的数据，其轨道可能有较大误差。使用这些不够精确的轨道进行模型解算，建立起的地面点和影像点的映射关系并不准确，不能获得很好的几何校正效果。

(2) 基于距离多普勒方程的正射校正

距离多普勒模型是根据影像的成像机制，对影像进行定位的方法。距离多普勒模型用定位模型来描述地面点 $P(B_p, L_p, H_p)$ 和成像点坐标 (x, y) 的关系。影像模拟过程实质上是由地面点坐标 $P(B_p, L_p, H_p)$ 获取成像点 SAR 图像坐标 (x, y) 的过程：

$$(B_p, L_p, H_p) \rightarrow (X_p, Y_p, Z_p) \rightarrow (t, R) \rightarrow (x, y) \tag{3-31}$$

距离多普勒定位模型完全从成像机理出发，其模型参数与卫星的运动姿态无关，具有明确的数学和物理意义，定位方法较为可靠且精度也比较高。

3.3 常用遥感处理软件

在当今遥感图像处理软件中，最通用的有加拿大 PCI 公司开发的 PCI Geomatica、美国 ERDAS 公司开发的 ERDAS Imagine 以及美国 ITT Visual Information Solutions 公司开发的 ENVI，这些软件在软件功能方面各有所长，例如 PCI 更适合影像制图，ERDAS 的数据融合效果较好，ENVI 针对像元处理的信息提取功能更强大，下面分别介绍 ERDAS、ENVI、PCI 软件。

3.3.1 ERDAS 软件简介

ERDAS Imagine 是美国 ERDAS 公司开发的遥感图像处理系统，该公司现已并入Leica 公司。它具有先进的图像处理技术，友好、灵活的用户界面和操作方式，面向广阔应用领域的产品模块，服务于不同层次用户的模型开发工具以及高度的 RS/GIS(遥感图像处理和地理信息系统)集成功能。ERDAS Imagine 软件为遥感及相关应用领域的用户提供内容丰富而强大的图像处理工具[32-33]。

ERDAS 软件采用开放的功能体系结构，以模块化的方式面向不同需求的用户，提供不同的功能模块及其组合，主要以 Imagine Essentials、Imagine Advantage、Imagine Professional 的形式为用户提供基本、高级、专业三级产品架构，并有丰富的功能扩展模块为用户提供选择，使产品模块的组合具有极大的灵活性。

(1) Imagine Essentials

Imagine Essentials 是 Imagine 的基本产品，包括影像的二维/三维显示、数据输入与输出、影像库管理、几何纠正、地图配准、影像/矢量编辑、影像分类、专题制图和三维可视化核心功能，可以集成使用多种数据类型并将不同类型的地理数据与影像连接在一起，快速组织到项目中。

(2) Imagine Advantage

Imagine Advantage 在 Imagine Essentials 基础之上，增加了栅格图像 GIS 分析和单张航片正射校正等功能，具有正射纠正(航片、卫片、传感器参数)、大比例尺镶嵌工具(定义切割线、灰度匹配)、高光谱处理、GIS 分析、高级 RGB 聚类、傅立叶正反变换/频域滤波、DEM 表面生成、应用等工具。Imagine Advantag 级是一个完整的影像地理信息系统(Imaging GIS)。

(3) Imagine Professional

Imagine Professional 是针对高级影像处理、遥感、GIS 专家的功能最完整且丰富的遥感影像处理系统，除了 Essentials 和 Advantage 级中包含的功能以外，Imagine Professional 以简单的图形化界面提供了空间建模工具、高级的参数/非参数分类器、专家分类器、分类优化和精度评价以及高光谱、雷达分析工具。其主要功能包括图解建模、高级分类(模糊分类、专家分类器及知识库建立工具)、雷达图像处理等。

ERDAS Imagine 中支持动态链接库(dll)，支持面向目标的设计开发以及目标共享技术，ERDAS 中支持的动态链接库有图像格式 dll、地形模型 dll 和字体 dll 库。ERDAS Imagine的操作界面如图 3-15 所示。

图 3-15　ERDAS Imagine 软件启动界面

ERDAS Imagine 图标面板系统菜单中主要包括 5 项菜单，每项菜单均由一系列命令组成，其主要功能如表 3-1 所示。

表 3-1　　ERDAS Imagine 图标面板菜单

命　令	功　能
Session (综合管理菜单)	包含系统配置、启动命令、批处理设置、日志管理、实用功能、环境变量设置、面板排列及帮助等，控制 ERDAS Imagine 的参数和默认值，配置外围设备，如磁带机、打印机、光盘驱动器
Main (主功能菜单)	含 ERDAS Imagine 产品中包括的所有模块，如创建视窗、数据输入输出、数据预处理、地图制图、影像解译、影像目录、影像分类、空间建模、栅格、矢量处理、虚拟 GIS、数字摄影测量、立体分析等
Tools(工具菜单)	包含编辑文本文件、编辑栅格属性、查看二进制数据、注释信息、栅格信息、矢量信息、影像命令工具、坐标计算、三维动画等
Utilities (实用菜单)	包含影像压缩、多种栅格数据格式设置转换、图像比较、字体选择、重置设置及 Oracle 空间数据表管理等
Help(帮助菜单)	提供 Imagine 在线文档、Imagine 的 dll 信息等

在 ERDAS Imagine 9.2 的图标面板中有 15 个图标模块，图标面板模块的含义见表 3-2[25]。

3.3.2　ENVI 软件简介

ENVI(The Environment for Visualizing Images)和交互式数据语言 IDL(Interactive Data Language)是美国 ITT Visual Information Solutions 公司的旗舰产品。ENVI 是由遥感领域的科学家采用 IDL 开发的一套功能强大的遥感图像处理软件。IDL 是进行二维或多维数据可视化、分析和应用开发的理想软件工具[34]。

ENVI 是一个完整的遥感图像处理平台，其软件处理技术覆盖了图像数据的各个流程。ENVI 具有较强可扩展性，提供了丰富的二次开发调用的函数库，利用 IDL 语言可以扩展 ENVI 的功能，开发全面的遥感图像处理系统，甚至可根据需要定制专业的遥感平台。ENVI 5.2 的界面如图 3-16 所示。

表 3-2　　**ERDAS Imagine 图标面板**

图标	含义	功能	图标	含义	功能
	视窗模块	打开、显示、存储影像、矢量数据及 AOI 操作		分类模块	特征编辑器、非监督分类、监督分类、知识分类、影像分割、精度评估、光谱分析等
	输入输出模块	数据格式转换、输入数据到 ERDAS、输出数据到其他格式		建模模块	模型制作、模型库、创建和运行影像处理、GIS 分析的模型
	数据预处理模块	创建、裁剪、镶嵌影像，几何纠正，重投影等	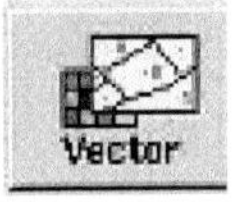	矢量模块	矢量层数据操作
	制图模块	新建、打开、编辑、打印地图等		雷达模块	干涉雷达、立体雷达、正射雷达、创建数字高程模型、纠正地形畸变等
	解译模块	空间增强、光谱增强、辐射增强、傅里叶分析、GIS 分析、地形分析、高光谱分析工具等		虚拟 GIS 模块	虚拟 GIS、视域分析、三维动画、建立三角网等
	库管理模块	影像数据库管理		立体量测模块	立体视觉特征分析
	影像自动配准模块	精确配准、重叠区域匹配等		子像素模块	大气补偿和环境条件校正、子像素特征、MOI 分类，将分类提取信息的空间分辨率提高到子像元级
	变化监测模块	数据预处理、变化检测、变化滤波、变化结果查看及解译			

进入 ENVI 程序文件夹中点击 ENVI Classic 按钮，可启动 ENVI 经典模式，ENVI Classic 软件操作界面如图 3-17 所示。

ENVI Classic 图标面板系统菜单中主要包括以下菜单，每项菜单由一系列命令组成，其主要功能见表 3-3。

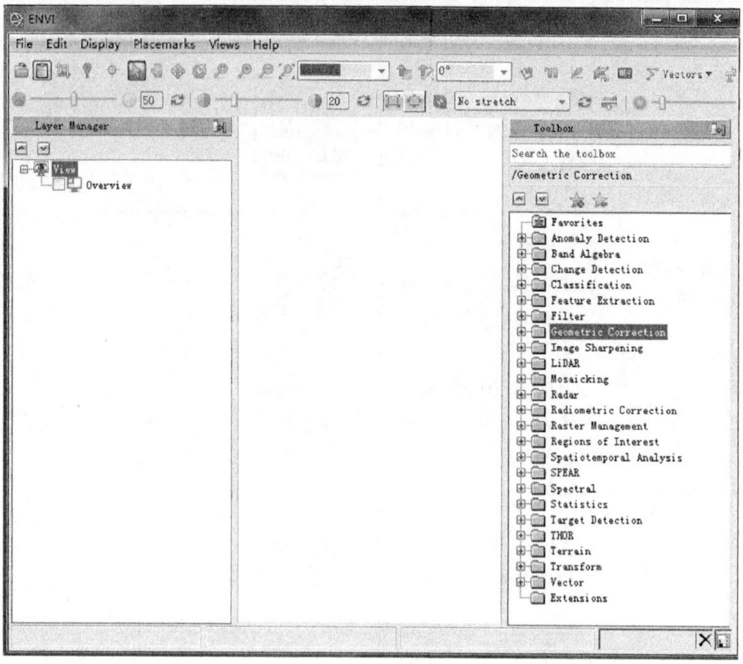

图 3-16 ENVI 软件启动界面

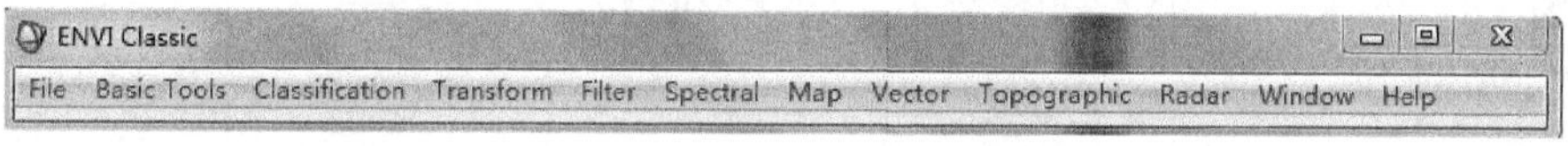

图 3-17 ENVI Classic 界面

表 3-3 ENVI Classic 图标面板菜单

命　　令	功　　能
File 菜单	打开影像文件、打开矢量文件、打开外部文件、存储文件、编辑头文件、编译 IDL 模块，以及 ENVI 队列管理、目录设置、ENVI 参数设置等
Basic Tools 菜单	调整数据尺寸、裁剪数据、旋转数据、层叠加、数据格式转换、拉伸数据、特征统计、空间统计、变化检测、波段运算、光谱运算、影像分割、ROI 选取、影像镶嵌、掩膜生成、掩膜应用以及辐射定标、校正等
Classification 菜单	提供了非监督分类功能，监督分类功能以及分类后的分类颜色设置、规则分类器、分类结果统计、分类集群、分类叠加、影像分制、分类结果转换为矢量等功能
Transform 菜单	提供了影像融合功能、波段比运算功能、独立主成分分析功能、最小噪声分离变换、色彩空间变换功能、饱和度拉伸功能、合成彩色影像功能、NDVI 计算功能、缨帽变换功能等
Filter 菜单	提供了卷积滤波、形态学滤波、纹理分析、多种自适应滤波、傅里叶变换滤波等功能
Spectral 菜单	提供了波谱处理与分析资源工具、流程化高光谱工具、目标检测向导工具、波谱库工具、波谱切割工具、纯净像元指数分析、n 维数据可视化、植被分析、植被抑制、目标查找、异常检测以及波谱分析、端元提取、FLAASH 大气校正等功能

续表 3-3

命　令	功　能
Map 菜单	提供了影像配准功能、多种影像的正射校正功能、影像镶嵌功能、多种影像的几何纠正功能、地图投影功能、地图坐标转换功能、ASCⅡ坐标转换功能、GPS 连接功能等
Vector 菜单	提供了打开矢量文件、新建矢量层、创建边界、智能数字化、栅格转矢量、分类结果矢量化、离散点栅格化、等高线转为 DEM 等功能
Topographic 菜单	提供了打开地形文件、地形建模、地貌特征分析、DEM 提取、等高线转为 DEM、山体阴影图生成、坏值替换、离散点栅格化、3D 曲面浏览等功能
Radar 菜单	提供了打开雷达数据文件、数据定标、天线阵列校正、斜地校正、入射角影像、自适应滤波、纹理滤波、合成彩色影像等功能，还提供了极化分析工具，包括 AIRSAR 数据合成、SIR-C 数据合成、极化信号提取、多视数据压缩、相位图像、AIRSAR 散射分类等功能

3.3.3　PCI 软件简介

PCI Geomatica 系统是加拿大 PCI 公司开发的用于图像处理、几何制图、GIS、雷达数据分析以及资源管理和环境监测的多功能软件系统。随着图像处理技术的日益成熟和发展，其应用领域不断拓宽。Geomatica 作为图像处理软件系统的先驱，因其丰富的软件模块、支持所有的数据格式、适用于各种硬件平台、灵活的编程能力和便利的数据可操作性，代表图像处理系统的发展趋势和技术先导。PCI 相比于目前遥感影像处理软件，在正射处理效果和精确度方面具有优势。PCI 具有强大的空间分析功能，将遥感、GIS、制图集成在同一界面下，具备自身独特的文件组成方式并采用工程管理方式，提供高效的生产工具。Geomatica 不仅可用于卫星和航空遥感图像的处理，还可应用于地球物理数据图像医学图像、雷达数据图像、光学图像的处理[33,35]等。PCI 的操作界面如图 3-18 所示。PCI 的图标面板菜单见表 3-4。

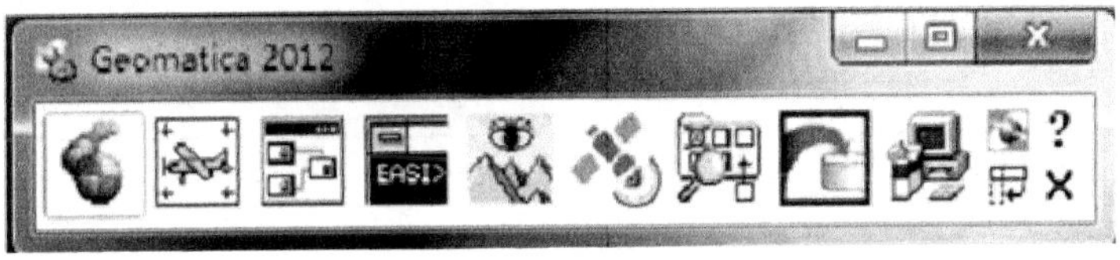

图 3-18　PCI 界面

3.3.4　SAR 处理软件

2002 年，随着 ENVISAT 的发射。欧洲空间局(European Space Agency，ESA)开发了一系列的公开源代码的免费 SAR 处理软件，最早的为 BEST(Basic Envisat SAR Toolbox)。后来，随着雷达卫星的越来越多，欧空局发布了新的雷达处理软件 NEST(Next ESA SAR Toolbox)，能够处理 ENVISAT、ERS、RADARSAT、TerraSAR-X、Cosmo-Skymed、ALOS 等一系列的 SAR 数据。2003 年，欧洲启动全球环境与安全监测计划(Global Monitoring for Environment and Security，GMES)，后于 2012 年将全球环境与安全监测计划更名为哥白尼(Copernicus)计划，该计划将发射一系列的 Sentinel 卫星来实现环境与安全的实时动态监测。鉴于此，欧洲空间局进一步将资源整合，开始开发一个统一的 Sentinel 卫星数据处理软件 SNAP(Sentinel Application Platform)，该软件是对 NEST 等软件的继承，能够快速处理当前的 SAR 雷达数据(下载地址：http://step.esa.int/main/toolboxes/snap/）。

针对 SAR 影像，众多遥感软件厂商，如 PCI、EARDAS、ENVI 都开发了专门的雷达数据处理模块。2013 年 7 月 15 日，瑞士 SarMap 公司正式授权 Esri 中国（北京）有限公司作为其 SAR scape 软件在中国的唯一代理商，负责该软件的销售和技术支持服务工作。由 SarMap 公司研发的 SAR scape，是国际知名的雷达图像处理软件。该软件架构于专业的 ENVI 遥感图像处理软件之上，提供图形化操作界面，具有专业雷达图像处理和分析功能，广泛应用于全球各个领域。

表 3-4　　PCI 图标面板菜单

图标	含　义	功　　能
	Focus 模块	提供了浏览显示各种数据，如矢量、影像、航片以及与 GIS 矢量数据叠加显示、快速漫游、数值显示、属性查询、影像增强等显示工具，影像处理和解译工具等功能
	OrthoEngine 模块	提供了影像自动镶嵌功能和航片、光学卫星影像、雷达卫星的自动同名点采集功能，几何纠正、正射校正以及影像控制点库和库管理功能
	Modeler 模块	提供了一个交互方法可开发简单和复杂的数据处理流程和一些导入、导出、数据转换、影像纠正、空间分析、雷达分析、分类等标准操作
	EASI 模块	常用于脚本、处理自动化和命令行界面
	FLY！ 模块	提供了根据高程数据产生的透视场景
	ChipMan 模块	提供分块管理功能
	License Manager 模块	提供 License 管理功能
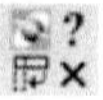	PCI Geomatica 模块	提供航空相片纠正、多项式纠正、有理多项式纠正等功能

参 考 文 献

[1] 杨可明. 遥感原理与应用[M]. 徐州：中国矿业大学出版社，2016.

[2] 黄诗峰，辛景峰，杨永民，等. 旱情遥感监测理论方法与实践[M]. 北京：中国水利水电出版社，2016.

[3] 赵英时. 遥感应用分析原理与方法[M]. 北京：科学出版社，2003.

[4] 赵忠明，孟瑜，汪承义，等. 遥感图像处理[M]. 北京：科学出版社，2014.

[5] JENSEN J R. 遥感数字影像处理导论[M]. 陈晓玲，等，译. 北京：机械工业出版社，2007.

[6] 孙家抦，倪玲，周军其，等. 遥感原理与应用[M]. 第 3 版. 武汉：武汉大学出版社，2009.

[7] 朱文泉，林文鹏. 遥感数字图像处理——原理与方法[M]. 北京：高等教育出版社，2015.

[8] BARKER J L，ABRAMS R B，BALL D L，et al. Radiometric calibration and process-

ing procedure for reflective bands on Landsat4 protoflight Thematic Mapper[C]//The NASA Center for Aerospace Information United States. Proceedings of Landsat-4 Scientific Characterization Early Results Symposium. Maryland: NASA Publication, 1983:1-38.

[9] DESACHY J, BEGNI G, BOISSIN B, et al. Investigation of Landsat-4 Thematic Mapper line-t-line and band-to-band registration and relative detector calibration[J]. Photogrammetric Engineering and Remote Sensing, 1985(51):1291-1298.

[10] BINDSCHADLER R, CHOI H. Characterizing and correcting Hyperion detectors using ice -sheet images[J]. IEEE Transactions on Geoscience and Remote Sensing, 2003,41(61): 1189-1193.

[11] 段依妮，张立福，吴太夏，等. 遥感影像相对辐射校正方法及适用性研究[J]. 遥感学报，2014,18(3):598-618.

[12] BIGGAR S F. In-flight methods for satellite sensor absolute radiometric calibration [D]. Tucson: The University of Arizona, 1990.

[13] 梅安新，彭望碌，秦其明，等. 遥感导论[M]. 北京：高等教育出版社，2001.

[14] GREEN A A, CRAIG M D. Analysis of aircraft spectrometer data with logarithmic residuals [C]//The Airborne Imaging Spectrometer Data Analysis Workshop. Proceedings of the Airborne Imaging Spectrometer Data Analysis Workshop. California: Jet Propulsion Laboratory Publication, 1985:111-119.

[15] KRUSE F A. Use of airborne imaging spectrometer data to map minerals associated with hydrothermally altered rocks in the northern grapevine mountains, Nevada, and California [J]. Remote Sensing of Environment, 1988, 24 (1):31-51.

[16] RAST M, HOOK S J, ELVIDGE C D, et al. An evaluation of techniques for the extraction of mineral absorption features from high spectral resolution remote sensing data[J]. Photogrammetric Engineering and Remote Sensing, 1991, 57 (10): 1303-1309.

[17] SHI J, DU Y, DU J, et al. Progresses on microwave remote sensing of land surface parameters[J]. SCIENCE CHINA Earth Sciences, 2012, 55(7):1052.

[18] SMITH G M. MILTON E J. The use of the empirical line method to calibrate remotely sensed data to reflectance [J]. International Journal of Remote Sensing, 1999, 20(13): 2653-2662.

[19] 郭云开，周家香，黄文华，等. 卫星遥感技术及应用[M]. 北京：测绘出版社，2016.

[20] 王纪华，赵春江，黄文江，等. 农业定量遥感基础与应用[M]. 北京：科学出版社，2008.

[21] BERK A, BERNSTEIN L S, ROBERTSON D C. MODTRAN: a moderate resolution model for LOWTRAN 7, GL-TR-89-0122[R]. [s. l.]: Massachusetts Air Force Geophysics Laboratory, 1989.

[22] 张永生，戴晨光，张云彬，等. 天基多源遥感融合——理论、算法与应用系统[M]. 北京：科学出版社，2005.

[23] 朱晟. 微波与光学遥感图像的分类与重建[D]. 成都：电子科技大学，2017.

[24] 张宇. SAR 图像地形校正及应用研究[D]. 武汉:武汉大学,2016.
[25] 袁孝康. 星载合成孔径雷达导论[M]. 北京:国防工业出版社,2003.
[26] 刘文祥. 星载 SAR 影像面积效应的地形辐射校正研究[D]. 徐州:中国矿业大学,2014.
[27] 任坤. 基于星载合成孔径雷达干涉测量技术的数字高程模型生成研究[D]. 南京:南京理工大学,2005.
[28] 肖国超. 雷达摄影测量[M]. 北京:地震出版社,2001.
[29] 宋海平,卢战伟,赵松. Boxcar 滤波器和极化 Refined Lee 滤波器对极化 SAR 分类精度影响的评估[J]. 影像技术,2011(5):39-44.
[30] 欧阳群东,巫兆聪,彭检贵. 一种改进的精制极化 Lee 滤波算法[J]. 测绘科学,2011(5):136-138.
[31] 敖祖锐. 星载 SAR 影像模拟及其在正射校正中的应用研究[D]. 北京:首都师范大学,2014.
[32] 杨昕,汤国安,邓凤东,等. ERDAS 遥感数字图像处理实验教程[M]. 北京:科学出版社,2011.
[33] 李刚. 遥感影像处理综合应用教程[M]. 武汉:武汉大学出版社,2017.
[34] 邓书斌. ENVI 遥感图像处理方法[M]. 北京:科学出版社,2013.
[35] 汤国安,张友顺,刘咏梅,等. 遥感数字图像处理[M]. 北京:科学出版社,2005.

第 4 章　作物长势遥感监测原理与方法

作物长势遥感监测已成为农业遥感应用的重要领域，越来越受到人们的广泛关注，政策决策者、期货市场和农户等均需要作物实时监测信息。在农业生产过程中，微观上监测作物长势可以及时了解作物的苗情、生长状况及品质状况等，利于制定适宜的田间管理措施，以保障作物的正常生长；宏观上监测作物长势可以准确掌握气候因子、自然灾害、病虫害等对农作物生长过程的影响，利于进行作物产量和品质预估。因此，及时准确地获取作物长势信息是动态调整田间管理和实现精准耕作的前提，可以为农业政策的制订和粮食贸易提供决策依据，也是社会经济发展的必然需求[1-2]。

作物长势即作物生长的状况与趋势。作物的长势可以用个体特征与群体特征来描述。发育健壮的个体所构成的合理的群体，才是长势良好的作物区[1]。获取作物长势的传统方法是地面观测和调查，现代农业生产中则主要利用遥感技术监测作物生长状况与趋势。特别是随着“3S”集成应用技术、高分辨率卫星资料和大数据计算技术等的快速发展，作物长势遥感监测信息已成为指导农业生产不可或缺的重要信息。

4.1　作物长势遥感监测机理

近年来基于遥感技术的农作物长势监测研究日益广泛和深入，遥感数据以其覆盖范围广、探测周期性强、较地面调查成本低等特点成为精准农业领域快速、准确、动态、定量研究作物长势的主要数据源。作物长势遥感监测即利用卫星遥感数据、航摄遥感数据、雷达数据、地面数据等遥感数据源和其他信息，对作物的苗情、生长状况及其变化等的动态监测，从中可及时获取作物长势信息[2]。

4.1.1　作物长势遥感监测的理论基础

作物长势遥感监测是建立在绿色植物光谱理论基础上的。正常生长作物的反射光谱特征曲线在 0.35～2.6 μm 范围内（图 4-1），在可见光部分有较强的吸收带（被叶绿素吸收），近红外部分有较强的反射峰（受叶片内部构造影响）。同一种作物，在不同的时段或不同的光、温、水、气和土壤的生长条件下，其生长状况（作物的长势）有所不同，不同状态的作物因其反射率的高低形成某些诊断性的光谱特征，在影像上表现为光谱数据的差异，可用来进行作物成分分析，进而推断作物的长势状况。

遥感传感器记录的是农田地面反射率，它受许多因素影响，包括太阳方位角、云和气溶胶等环境因子，以及作物的叶片生理状况、叶面积、冠层结构等内部影响因子。当环境因子基本相同时，反射率的差异即可看作作物本身在长势、生育进程、生理状况等方面的差异。因此，农作物及其背景反射在遥感传感器上的信息，经适当处理和分析，即可构造出与农作物生长情况密切相关的指标，以反映作物的生长发育状况，实现对作物长势的监测。

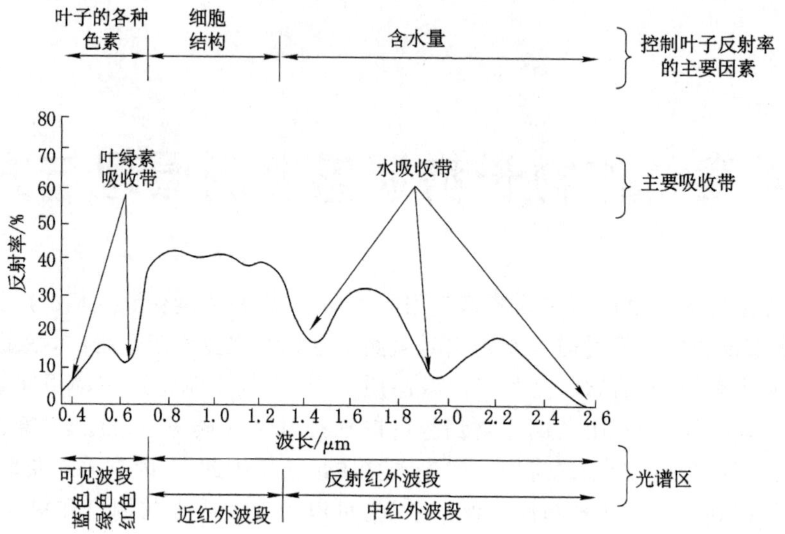

图 4-1 典型绿色叶片的光谱反射率特性

作物长势是一个时空变化的过程，主要反映在时间与空间两个方面，即同一时相的作物的长势在空间地域上和同一空间地域上的作物的长势在不同时相上存在的差异。因此，时空特征的提取是进行大尺度作物长势监测的基础。

4.1.2 作物长势遥感监测指标

作物的生长状况虽然复杂，而且受多种环境因素的影响，但其生长状况可以用反映其生长的特征参量来表征，是作物长势监测理论的核心[3]。传统上，农业部门用苗情来描述作物长势。苗情主要根据作物群体密度、叶色、株高、穗粒、病虫害和天气灾害受害程度、可否丰产等一般农学参数进行评价，将苗情分为好、中、差三等级。但苗情调查中的某些农学参数难以用遥感影像提取，因而作物长势遥感监测应该综合遥感机理、尺度及作物生长机理进行定义。作物长势遥感监测的基础是必须有可用于遥感监测的反映作物群体长势的遥感指标，一般为遥感可反演的表征作物生长状况及变化趋势的地表参量，但究竟哪种遥感指标或综合指标最适宜作物长势监测，至今未有统一的结论。

(1) 植被指数

植被指数是分析农作物群体长势的常用指标，其数值变化能反映农作物的生长状况和变化趋势，但各植被指数都有其应用背景和适用条件。在现有的作物长势遥感监测研究中，归一化植被指数(NDVI)是最为常用的植被指数[1,4-5]：

$$\mathrm{NDVI}=\frac{\mathrm{Nir}-\mathrm{Red}}{\mathrm{Nir}+\mathrm{Red}} \tag{4-1}$$

式中，Nir 为近红外波段反射率；Red 为可见光红光波段反射率。

正常生长的作物的 NDVI 值通常为正值，不同长势情况的作物，其 NDVI 值不同。一般来说，作物苗情长势情况越好的农田，NDVI 值越大。长势情况与 NDVI 值的关系是相对的，区域的对比在时相相同条件下进行比较才具有意义，而同一区域不同时相的 NDVI 值的变化，则反映了该区域作物长势的动态变化。

但 NDVI 本身存在的缺点(如在生物量较高的地区容易饱和,受大气和土壤背景的影响略大等),限制了利用 NDVI 数据进行作物长势监测的精度与适用范围[6-7]。因此,基于 EVI、RVI 等植被指数进行作物长势监测的研究也越来越多。

不同植被指数其指示意义不同,因此,结合研究目的选择合适的植被指数会得到更好的监测结果。作物长势监测常用的植被指数如表 4-1 所示。

表 4-1　作物长势监测常用的植被指数

植被指数	英文全称	计算公式	参考文献
比值植被指数(RVI)	Ratio Vegetation Index	Nir/Red	[60]
归一化植被指数(NDVI)	Normalized Difference Vegetation Index	(Nir−Red)/(Nir+Red)	[9]
差值植被指数(DVI)	Difference Vegetation Index	Nir−Red	[10]
土壤调节植被指数(SAVI)	Soil Adjusted Vegetation Index	$(1+L)\times(\mathrm{Nir}-\mathrm{Red})/(\mathrm{Nir}+\mathrm{Red}+L)\quad(L=0.5)$	[11]
修正土壤调整植被指数(MSAVI)	ModifiedSoil Adjusted Vegetation Index	$\mathrm{Nir}+0.5-\sqrt{(\mathrm{Nir}+0.5)^2-2(\mathrm{Nir}-\mathrm{Red})}$	[12]
增强型植被指数(EVI)	Enhanced Vegetation Index	$(1+L)(\mathrm{Nir}-\mathrm{Red})/(\mathrm{Nir}+C_1\times\mathrm{Red}-C_2\times\mathrm{Blue}+L)$ $C_1=6.0, C_2=7.5, L=1.0$	[13]
归一化水分指数(NDWI)	Normalized Difference Water Index	$(R_{860}-R_{1\,240})/(R_{860}+R_{1\,240})$	[14]
变换差值植被指数(TDVI)	Transformed Difference vegetation Index	$1.5\times\dfrac{\mathrm{Nir}-\mathrm{Red}}{\sqrt{\mathrm{Nir}^2+\mathrm{Red}+0.5}}$	[15]
垂直植被指数(PVI)	Perpendicular Vegetation Index	$(\mathrm{Nir}-a\times\mathrm{Red}-b)/\sqrt{1+a^2}$	[16]

(2) 叶面积指数

叶面积指数(Leaf Area Index,LAI)通常定义为单位地表面积上绿叶总面积的一半[17],是表征冠层结构的关键参数,影响植被光合、呼吸、蒸腾、降水截留、能量交换等诸多生态过程。LAI 是评价作物长势和指导田间管理的重要农学参量,在作物长势遥感监测领域有着广泛的应用[6]。

(3) 生物量

植被的生物量(biomass)是指某一时刻单位面积内的植物有机干物质的总量。生物量是保障作物产量和品质的重要物质基础,是作物生长状态的重要评判指标,与籽粒产量有较高的相关性,常被用作长势监测和产量估算的监测指标[18]。

(4) 冠层叶绿素密度

冠层叶绿素密度(Canopy Chlorophyll Density,CCD)即为单位土地面积上的叶绿素含量,其既是反映农作物群体生理活性的重要参量,可以作为农作物营养胁迫、光合作用强弱的良好指示剂，又是表征农作物生长状况与生产能力的关键指标[19-20]。

(5) 植被覆盖度

植被覆盖度(Vegetation Coverage, VC)指植被(包括叶、茎、枝)在地面的垂直投影面积占统计区总面积的百分比。植被覆盖度可以理解为植被的水平密度，是常用的植被指标[21]。

(6) 红边参数

红边参数与农学组分间存在较强的相关性，红边的描述包括红边的位置和红边的斜率，可以作为作物受胁迫的指标[22]。红边位置(Red Edge Position, REP)为在 680～750 nm 范围内，当光谱反射率的一阶微分值达到最大时所对应的波长，基于一阶导数最大的红边位置算法，适用于冠层尺度的高光谱数据求取红边位置[23]，即

$$\mathrm{REP} = \lambda\left[\max\left(\frac{\mathrm{d}R}{\mathrm{d}\lambda}\right)\right] \quad (680\ \mathrm{nm} < \lambda < 750\ \mathrm{nm}) \tag{4-2}$$

红边斜率为红边位置相应的一阶导数，即

$$\gamma_{\mathrm{REP}} = \max\left(\frac{\mathrm{d}R}{\mathrm{d}\lambda}\right) \quad (680\ \mathrm{nm} < \lambda < 750\ \mathrm{nm}) \tag{4-3}$$

(7) 其他新型农作物群体长势参量

近年来，人们也提出了一些新型的农作物群体长势参量。赵虎等以近红外波段和红光波段为基础引入一种新的作物长势遥感监测指标(Growth Root Normalized Differential Vegetation Index, GRNDVI)[7]：

$$\mathrm{GRNDVI}=\sqrt{\frac{\mathrm{NIR}}{\mathrm{Red}}\times\left(\frac{\mathrm{NIR}-\mathrm{Red}}{\mathrm{NIR}+\mathrm{Red}}+1\right)} \tag{4-4}$$

认为 GRNDVI 能够改善归一化植被指数在低植被覆盖度时期/地区容易受到作物冠层土壤背景的影响，而在高植被覆盖度时期/地区又容易发生饱和现象的设计缺陷，可以作为遥感监测作物长势过程中替代归一化植被指数的指标。

董莹莹将 LAI 与 CCD 相结合构建了 2 个新型农作物群体长势参量 CGMI1 和 CGMI2 (Crop Growth Monitoring Index, CGMI, 农作物长势监测指数)，计算公式见式(4-5)和式(4-6)，两者皆为以 LAI 和 CCD 为自变量的二元非线性函数[19]：

$$\mathrm{CGMI1}=\mathrm{LAI}\times\mathrm{CCD} \tag{4-5}$$

$$\mathrm{CGMI2}=\frac{\mathrm{CCD}}{\mathrm{LAI}} \tag{4-6}$$

综合利用 CGMI1 和 CGMI2 可以定量地对研究区内具有合理种植密度的正常生长农作物的群体长势状况进行定量监测和分级评估。

王超等基于连续两年的氮素运筹试验，通过获取叶面积指数、地上干生物量、地上鲜生物量、植株含水量、叶绿素密度和氮素积累量 6 个冬小麦长势指标及冬小麦冠层高光谱，引入主成分分析法构建可表征冬小麦长势的综合长势指标(CGI)，并结合偏最小二乘回归法构建 CGI 的高光谱监测模型[24]。

近年来，遥感指标与地表参数关系的研究朝着定量遥感方向发展，即严格考查遥感过程中土壤背景、大气参数、地表二向性等诸多影响因素，建立定量物理模型，通过非线性数学方法获取特定尺度的长势参数。

4.2　作物长势遥感监测方法

4.2.1　作物长势遥感监测方法

4.2.1.1　直接监测法

直接监测法多出现于长势遥感监测研究的初期，指直接使用遥感获取的参数值（如植被指数等）对地面长势监测结果进行相关分析，建立两者之间的统计模型，确定作物长势。史定珊等在讨论了 NOAA/AVHRR 合成的植被指数与 LAI、干物质重和群体密度等关系后，直接使用植被指数的数值作为作物长势分级的标准，对河南省冬小麦的长势进行了监测[25]。王延颐等通过 RVI 与水稻 LAI 和干物质的关系的研究，讨论了水稻不同生长期使用 RVI 进行长势监测的指标[26]。

直接监测方法多使用一些特定波段的光谱反射率、植被指数等来直接评价作物长势，虽然操作简单、使用的数据少，但缺乏生物物理基础[27-28]。

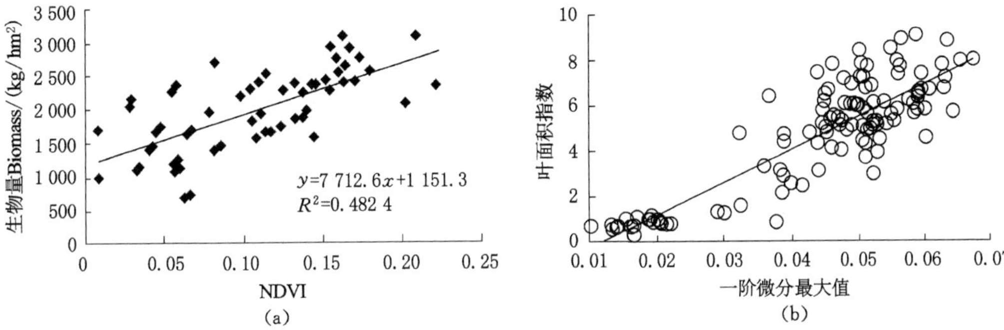

图 4-2　作物主要长势参数遥感监测模型示例[27]

(a) 拔节期小麦；(b) 夏玉米拔节期、喇叭口期、抽雄期、吐丝初期和吐丝中期

4.2.1.2　影像分类法与数字图像处理

影像分类法是指采用遥感影像分类的方法对地表不同的长势等级进行区分，这一类方法通常把作物苗情作为分类的标准。李剑萍等利用 AVHRR 比值植被指数和 GPS 定位观测资料，采用监督分类和非监督分类相结合的方法进行分类，给出的苗情分类流程(图 4-3)，然后使用地面实际调查的作物长势等级对分类结果进行标定，监测了江西省双季晚稻的长势[29]。M. H. Bharati 等利用图像特征量对图像中作物进行提取，定义灰度值为指标来判断作物长势的情况，利用该指标绘制田间作物长势分布图，并对长势情况进行评估。该方法充分发挥了作物长势遥感监测方法的经济、客观的特点，适合于系统业务化运行，但缺乏生物物理基础[30]。

如图 4-3 所示，如果有 GPS 定点资料则调用“监督分类”模块，如果没有则调用“非监督分类”模块。两个模块中都调用数字高程和土地利用分类文件对 NOAA/AVHRR 资料进行判读，提高苗情分类精度。如果与往年资料进行对比则调用“与往年资料比较”模块。3 个模块的结果都以位图的形式显示出来。

随着计算机图像处理系统、图像采集部件 CCD 摄像机、高分辨率数码相机和数码摄像

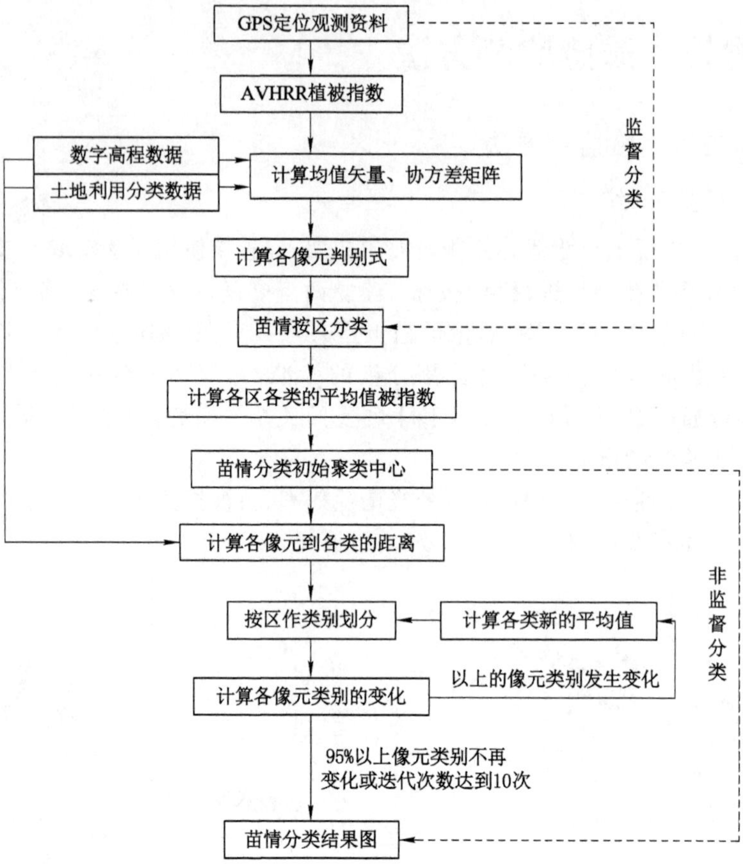

图 4-3　苗情分类流程[29]

机的发展，且计算机图像比人眼的分辨能力更精细，因此计算机图像处理和图像分析的方法逐步被用于作物长势诊断[31-32]。人们利用机器视觉技术来监测作物的生长状况，这种方法是在种植区安装 CCD 摄像头对作物实施实时监测，然后利用互联网把长势信息传回控制中心，再利用图像处理软件提取分析作物长势信息[31,33]。

机器视觉与数字图像处理主要适宜用于小面积范围内的作物长势监测，目前在设施农业生产中的监测效果尤为显著，在 4.2.2 节中将对此方法详细阐述。

4.2.1.3　同期对比法

同期对比法主要指利用实时 NDVI 图像的值与去年、多年平均值或指定某一年的 NDVI图像进行对比来反映作物长势情况。逐年比较或距平比较方法是国内外业务化作物长势监测系统使用最多的方法，相关应用研究较多[34-35]。

(1) 逐年比较模型

逐年比较模型以当地的苗情为基准，将今年与去年同期长势对比，既便于各地的田间监测，也是传统的习惯。我们习惯于与去年比较，因为去年的收成是已知的，便于早期估产。在逐年比较模型中，引入 ΔNDVI 作为年际作物长势比较的特征参数，定义为[1,4]：

$$\Delta NDVI = (NDVI_2 - NDVI_1)/\overline{NDVI} \tag{4-7}$$

式中　$NDVI_2$——今年旬值；

$NDVI_1$——去年同期值；

$\overline{NDVI}$——多年平均值。

根据 ΔNDVI 的大小，再参考地面观测的实际情况，初步判断当年的长势与前一年相比是好还是差或者与前一年长势相当。逐年比较模型的优点便于各地的田间监测，但是比较难以分等定级。

等级模型的目的是要分等定级，就是用当年的 NDVI 值与多年的均值比较或与当地极值比较后分级，前者为距平模型，后者为极值模型。

（2）距平模型

距平模型是与当地多年的均值比较，引入 $\Delta\overline{NDVI}$ 作为年际作物长势的特征参数，定义为[1,4]：

$$\Delta\overline{NDVI}=(NDVI-\overline{NDVI})/\overline{NDVI} \tag{4-8}$$

式中　NDVI——当年值；

$\overline{NDVI}$——多年平均值。

（3）极值模型

当多年 NDVI 变化不大时，距平模型可能难以分等定级。这种情况下可用当地 NDVI 的极值建立等级模型便于分等定级。极值模型引入 VCI（Vegetation Condition Index）作为年际作物长势的特征参数，定义为[1,4]：

$$VCI=(NDVI-NDVI_{min})/(NDVI_{max}-NDVI_{min}) \tag{4-9}$$

式中　$NDVI_{max}$、$NDVI_{min}$——某期某像元多年的 NDVI 的极大值与极小值；

NDVI——同期同一像元的当年值。

为减少收集和处理的数据量，很多学者用相邻年份植被指数的比值[34,36]来进行监测：

$$\alpha=\frac{TNDVI}{T_PNDVI} \tag{4-10}$$

式中　TNDVI——当年的植被指数；

T_PNDVI——前一年同期的植被指数。

若 $\alpha>1$，可以初步判断当年该地区农作物生长好于前一年；若 $\alpha<1$，则表明当年的长势不及前一年；如果 $\alpha=1$(或近似等于 1)，说明当年农作物与前一年长势相当。在此基础上，还可以根据 α 值的大小来区别当年与前一年长势水平的等级，根据数值的大小将农作物长势分为比前一年好、比前一年稍好、与前一年相当、比前一年稍差和比前一年差等 5 个等级。

但是由于每年降水、气温、日照等自然条件不同，物候期可能提前或推后，简单的同期对比不能准确反映作物的真实长势[37-38]。在作物实际生产中，基于物候期进行作物长势遥感监测更便于宏观管理，并能准确反映作物生长状况[39]。

同期对比方法只能在一个时间断面上反映作物长势，且监测结果容易受作物物候变化和作物种植结构变化的影响[28]。

4.2.1.4　生长过程监测法

生长过程监测法的基本思想是将连续时相的植被指数值绘制成作物生长过程植被指数变化曲线，依据曲线的变化特征分析作物长势。如图 4-4 所示，以时间为横坐标、作物的 NDVI值为纵坐标绘制作物生长的 NDVI 动态曲线，以最直观的形式反映作物从播种、出苗、抽穗到成熟收割的 NDVI 的变化过程。作物种类不同，其 NDVI 曲线具有不同的特征；同类作物生长环境和发育状况的变化也会造成 NDVI 时间曲线的波动。因此通过对作物 NDVI 时间曲线的分析，可以了解作物的生长状况，进而对作物进行长势监测。如顾晓鹤等重构 SPOT /VEGETATION NDVI 时间序列，构建基于变化向量分析的长势监测模型，综合了 NDVI 时间序列曲线的大多数特征参数，对作物年际与年内长势变化进行时间和空间上的定量分析，实现以单一指标综合了 NDVI 时间序列的大多数变化特征，为农作物长势遥感提供了一种新的方法[40]。

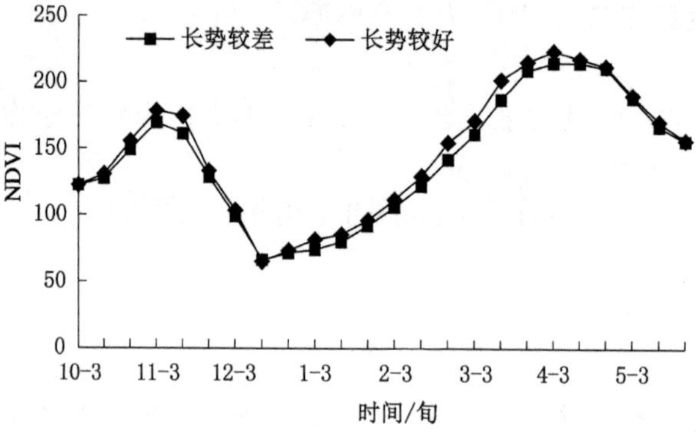

图 4-4　不同长势的冬小麦 NDVI 时间序列示例图[40]

过程监测法弥补了同期对比法只能反映一个较短时间内作物长势的缺点，但由于需要高时间分辨率的时间序列遥感数据，而这类数据通常空间分辨率较低，因而其空间精细程度达不到田块尺度长势监测的要求[28]。

4.2.1.5　作物生长模型法

作物生长模型是指从农业生态系统物质平衡与能量守恒原理和物质能量转换原理出发，以光、温、水、土壤等条件为环境驱动变量，应用物理数学方法和计算机技术，对作物生育期内光合、呼吸、蒸腾等重要生理生态过程及其与气象、土壤等环境条件的关系进行逐日数值模拟，人为再现农作物生长发育过程的现实虚拟映像[41]。作物模型是获取农艺和生理信息的重要手段，可以用来解释和预测作物的生长发育状况[42]。较为著名的有荷兰的 BACROS 模型、SUCROS 模型和 WOFOST 模型等，美国的 CERES 系列模型、COSSYM 系列棉花模型和 CROPGPO 通用模型等，澳大利亚 APSIM 系列模型等。国内也建立了一系列具有自主产权的作物生长模型，如 CCSODS 系列模型、水稻模型 RICEMOD、棉花模型 COTGROW、小麦模型 Wheat SM 等[5]。这些作物生长机理模型能够综合考虑气象、土壤、作物品种、作物种植因素对作物生长发育的影响，逐日连续地模拟生育期内作物的生长发育状况，但在作物生长模型从单点研究发展到区域应用时，由于存在地表、近地表环境非均匀性问题，导致模型在一些宏观资料的获取和参数的区域化方面遇到很多困难[43]。

遥感监测具有实时性、宏观性等特点，但机理性不足；作物生长模型具有连续性好、机理性强的优势，但多为点上应用，宏观性不够。遥感技术与作物生长模型相结合是作物长势监测的有效手段，可解决作物生长模型区域应用时输入参数和初始条件值获取困难的问题，提高作物生长模型的区域应用能力，成为农业遥感研究领域的热点[42,44]。遥感数据与作物生长模型的结合策略主要有两种：一种是“驱动”策略，一种是“同化”策略[5,42,45]。

（1）驱动策略

驱动策略是指直接利用遥感反演参数值作为作物生长模型初值参数值，或利用遥感反演参数值更新作物模型的输出参数值，作为下一阶段模拟的输入值。应用此类方法，Maas 将遥感反演得到的 LAI 和水分胁迫系数值作为作物生长模型的输入值，有效改善了作物生长模型对玉米地上生物量的模拟结果[46]；沈掌泉等将利用 TM RVI 估测的 LAI 作为作物气候模型 YLDMOD 计算过程的校正值，对水稻的整个生长发育过程进行模拟，能客观地反映水稻的生长状况[47]。

驱动策略是作物模型与遥感信息结合的最初形式，方法简单，易于实现。在遥感反演比较准确的情况下，该方法可以获得较好的模拟效果[48-49]。

（2）同化策略

在遥感信息与作物生长模型的同化研究中，采用的同化策略主要包括两种类型：

① 利用遥感反演的作物冠层状态变量确定作物生长模型的参数或初始条件，优化模型的模拟过程。应用此类方法，Maas 利用 Landsat/MSS 数据反演 LAI 值，调整作物生长模型 GRAMI 的输入参数，减小模型模拟 LAI 值与遥感反演 LAI 值的差异，提高作物生长模型的模拟精度[50]；闫岩等以 LAI 作为结合点，利用复合型混合演化算法将 CERES_Wheat 模型与遥感数据融合，利用融合后作物生长模型输出结果实现冬小麦长势监测[51]（图 4-5）。

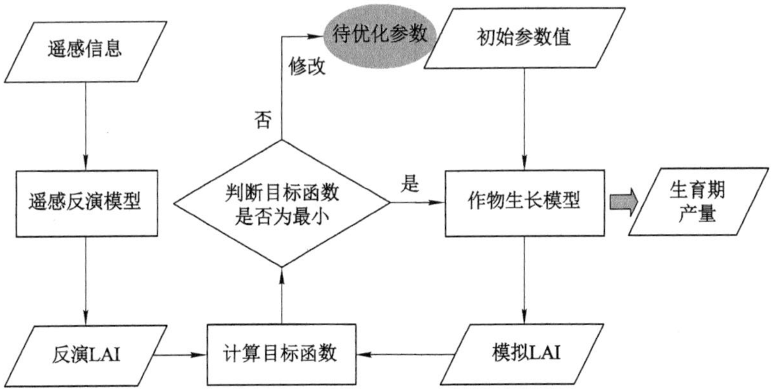

图 4-5　利用遥感信息与作物生长模型的同化策略[51]

② 将作物生长模型与辐射传输模型相结合，直接利用遥感观测辐射数据确定作物生长模型的参数或初始条件，达到优化作物生长模型模拟过程的目的。应用此策略，马玉平等将作物生长模型 WOFOST 与冠层辐射传输模型 SAIL 嵌套，通过重新初始化作物生长模型，使嵌套模型模拟得到的冠层土壤调整植被指数和 MODIS 遥感数据合成值的差异最小化，提高模型模拟冬小麦生长过程的准确性[49]；刘峰等基于极快速模拟退火算法的遥感数据与 CERES Wheat 作物生长模型的同化原型系统，利用同化得到的最优参数组合运行作物模型，成功模拟整个生育期内冬小麦生长状况，所开发的同化系统为遥感技术与作物模型的基础研究和应用提供了一个平台（图 4-6）[52]。

同化策略通过对作物模型模拟结果与遥感观测结果的比较获取比较理想的初始值或参数值组合，由于可以利用作物生育期间所有可以获得的多次遥感资料重新初始化和参数化，消除了遥感资料随机误差带来的影响，从而改善了作物模型的模拟能力。对作物模型参数

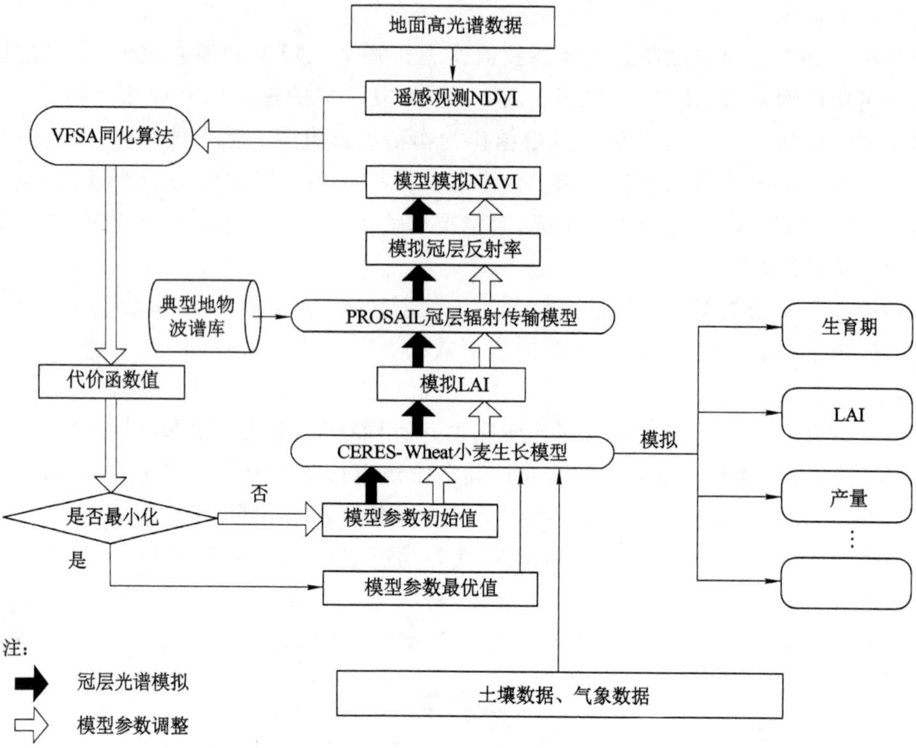

图 4-6　同化系统构建流程[52]

值和状态变量初始值重新调整的效果还取决于被调参数的选择,如果被调参数不太多,给定取值范围比较小,则调整效果较好[41]。

遥感技术与作物生长模型结合将遥感信息运用于作物生长参数机理模型中,使得作物生长模型由小区域生长模拟扩展到大范围监测作物长势和产量估计,实现了农作物长势监测和大面积作物估产,但也存在大范围作物生长模型较复杂,相关生长参数难以收集,以及相应地面调查数据与遥感数据时间、空间不一致的问题,使得遥感数据所具有的时效性、尺度优势受到一定的影响[28,42,53]。如何将遥感信息与作物生长机理模型相结合,实现作物长势监测和品质产量预报等是近年来国内外比较关注的研究课题。

4.2.1.6　诊断模型

诊断模型是指从影响作物长势的各种因素出发对作物的长势进行评价,为田间管理提供决策支持,需要长势监测的诊断模型。诊断模型应该包括以下内容:作物生长的物候与阶段、肥料的盈亏状况、水分胁迫(干旱)情况、病虫害情况和杂草的发展情况[1,7]。

作物生长是一个很复杂的过程,与很多因素都密切相关。杨邦杰等提出用多维的矢量空间表达、定义作物的长势。比如冬小麦的监测可以用地表温度和植被指数(NDVI)形成的二维矢量坐标系表示(图 4-7)[1]。

图 4-7 中,A、B、C 三点分别为可能出现的极端情况:① 水分充足,长势不好;② 水分不足(干旱),长势不好;③ 水分充足,长势良好。将当前地表温度和植被指数的值绘制在坐标系中,可以得出当前的长势诊断结果。根据诊断结果调整田间管理的方案,比如若当前点绘

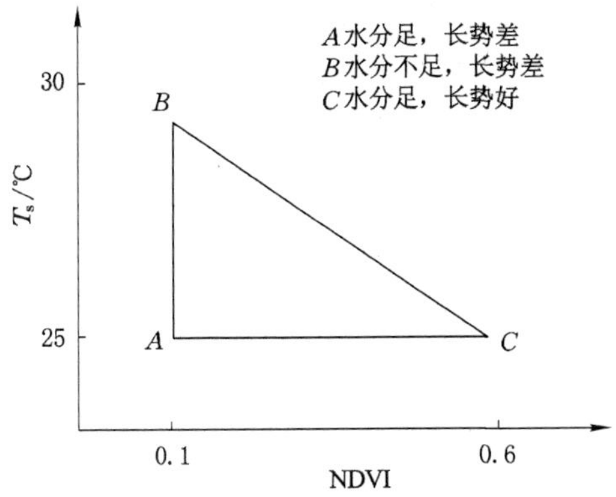

图 4-7　基于 NDVI—T_s 特征空间的长势诊断模型示意图[1]

制的比较靠近 A，水分充足，但是长势不好，则有可能是因为土壤肥力和病虫害的影响；若靠近 B，则说明极有可能是因为作物缺水影响了长势情况；若靠近 C，则表明当前的田间管理措施得当，应该继续坚持。当然，如果当前点落在三角形 ABC 之外，则应根据具体情况调整三角形的位置，然后做出合理的诊断。

同理，如果同时考虑多种因素（如植被指数、温度、肥料、病虫害、物候期等），则可以发展出类似于“玫瑰图”一样的多维诊断模型（图 4-8）[54]。各顶点到中心 O 之间的线段被量化为该顶点所代表的指标，该因素的实际观测值经过量化以后到中心点 O 越远，表示对长势越有利；多边形 $ABCDE$ 的面积占外围标准多边形面积的比例则对应长势的量化指标。这种形式的诊断模型可以反映当前作物的综合生长状况，并给出相应的田间管理建议。图 4-8 中所示的多边形 $ABCDE$ 显示当前作物的长势、土壤肥力、病虫害情况尚可，但是土壤墒情和物候期与其他指标相比有明显不足，说明应该加强灌溉管理工作，并排查作物是否受到杂草生长的侵扰。

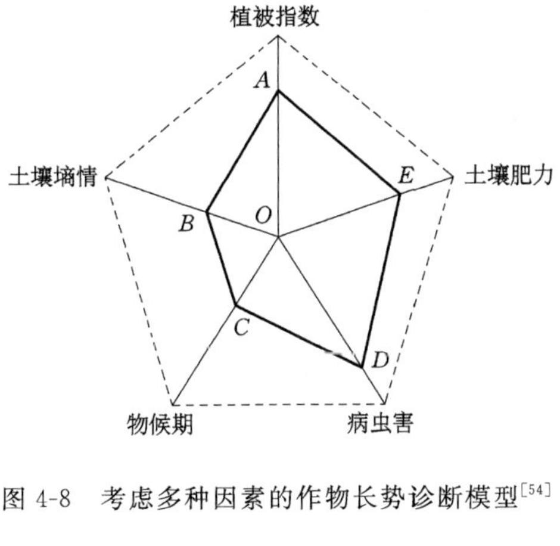

图 4-8　考虑多种因素的作物长势诊断模型[54]

诊断模型考虑了各类作物生长环境因子对作物生长的胁迫，但目前不同因子对作物生长的作用机理还需要进一步研究[28]。

4.2.2　设施作物长势监测方法

由于受到空间、光照、温度、湿度等因素的影响，大田与温室的作物栽培条件有很多差异。比如受到温室材料吸收太阳光的影响,温室内光线的强度和光谱的构成都和在大田中的栽培条件有所不同,因此虽然关于大田作物长势的监测与诊断研究有很多已经较为成熟的结论,但是也不能将其直接应用于温室作物长势监测。随着农机智能化技术的发展,设施作物长势信息的监测技术逐渐由研究试验阶段转到应用阶段。

4.2.2.1 机器视觉与数字图像处理

在设施农业生产中,为了在最经济的生长空间内使作物获得最高产量、品质和经济效益,以达到优质高产的目的,必须提高环境调控技术。

机器视觉系统是指通过图像摄取装置将测量目标或研究对象转换成规定格式的数字图像信息,图像处理系统选择预先设置的图像处理算法根据图像承载的像素、亮度、颜色等物理信息进行各种运算来获取目标物体的特征信息,进而根据识别的结果对现场控制设备采取相应的控制动作[55]。

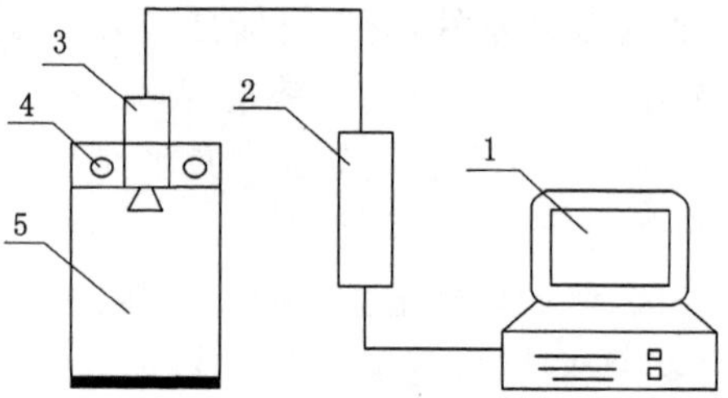

图 4-9 一般的机器视觉系统的组成[56]

1——计算机;2——图像采集卡;3——CCD 摄像机;4——光源;5——光照箱

数字图像处理技术是计算机的一种相关技术,是为了达到某种预想目的而对图像进行运算和处理的一种过程[57]。数字图像处理技术具有信息量大、速度快、精度高等优势,可避免由于人与人之间的认识差异及视觉疲劳带来的影响,在节约劳动力、降低人的判断主观性方面有很大的潜力[31]。基于机器视觉与数字图像处理技术的设施作物生长信息检测方面的研究主要集中在作物营养状况、植株生长状态、果实产量估测等方面[55,57-58]。

机器视觉与数字图像处理技术可以对设施作物实现连续、快速、实时、非接触的无损监测,而且测量结果准确、迅速,可以节省大量的人力物力,并为设施环境的调控提供可靠依据[31,57-58]。但是当前数字图像技术还不够成熟,需要大量的人工干预[59];且这种基于数字图像处理技术的长势监测所包含的作物的光谱信息还不够丰富,不能更全面地反映作物的长势状态[60]。

4.2.2.2 基于光谱学原理监测作物长势

在设施园艺条件下应用遥感技术,由于受到温室材料对太阳辐射的影响,温室内光线的强度以及光谱的构成会有别于大田栽培条件;受到温室环境和空间的限制,在温室内利用光谱技术观测作物时其观测范围也将大打折扣。因此,基于近地遥感的高光谱分析技术体现了它的优势,利用光谱仪近距离采集作物冠层或叶片的高光谱信息,进而反演作物或叶片的特征参数,监测设施作物长势[61-62]。

为了利用光谱学原理,方便快速地监测温室作物的长势状态,获取作物的长势信息,开发一种适用于温室栽培环境的成本低、适用性强的便携式作物长势诊断仪是当前的一个重要课题。张喜杰根据由光谱分析建立起来的黄瓜长势检测模型，开发出了第一代作物长势检测仪，并且在此基础上进行了改进，扩展了仪器功能，开发出了第二代作物长势检测仪(图 4-10 和图 4-11)[62]；杨策对此针对黄瓜长势检测的作物长势检测仪器进行了改进设计，制作出了专门针对温室番茄的作物长势检测仪[63]。邹兵等利用光谱分析技术，开发了一种用于预测温室番茄叶片叶绿素含量的新型作物长势仪[64]。

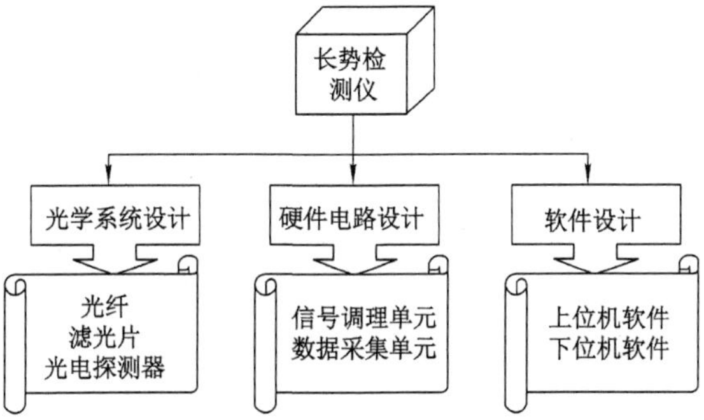

图 4-10　检测仪设计的模块划分[43]

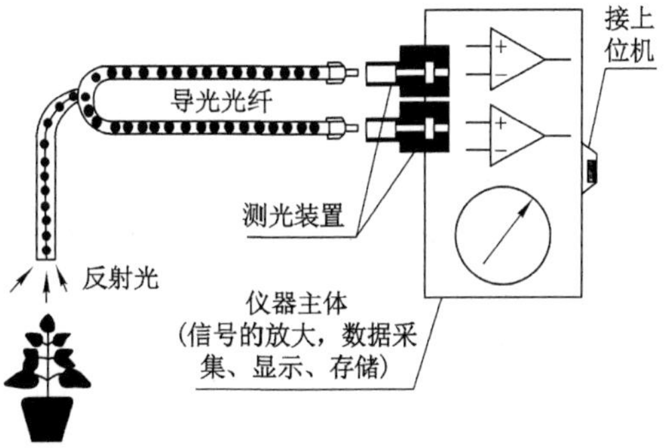

图 4-11　仪器总体构成图[62]

结合机器视觉技术和光谱学原理等进行作物长势的多种信息获取，将是设施作物长势监测手段中具有前景的发展方向[60]。

4.2.2.3　远程监测系统

早期的远程监测大多数采用植物远程生理监视技术，即通过在植株体上安装各种探头，监测某些环境因子和植物生理指标的变化[31]。随着传感技术、机器视觉技术、通信技术的快速发展，将无线传感器网络和多媒体结合，应用到远程监测系统之中，对农作物环境信息及长势信息进行监测，成为现代农业信息化的研究热点[65-66]。

远程监测系统对作物生产全过程进行物理环境量、长势图片信息和视频信息的远程监测，系统以文本、图像、视频为载体，通过有线电缆、无线局域网或商业移动通信网络将摄像机拍到的远程图像传输到控制中心，控制中心对图像进行处理，实时反映作物的生长状况、肥水需求、病虫害预测等农事信息，以便采取对应的生产管理决策[31,67]。

赵晓勤等利用植物远程监测系统对荔枝园中的大气温湿度、土壤湿度、光照强度、大气蒸汽压差等环境因子和茎秆直径微变化、果实生长、叶片温度等树体生理指标进行了监测，发现该系统能准确及时无伤害地记录它们的实时和周期性变化[68]。杨信廷等以无线多媒体传感器网络为基础，建立了作物环境信息与长势视频信息远程监控系统，结合测试实际情况对田间温湿度、光照强度、图片、视频信息进行远程采集[59]。

远程监测技术的主要优点是准确及时、高效、无伤害等，并且结合远程监控，大大减少了人力劳动，提高了工作效率；但监测的范围受限制，在作物生产信息采集中还有待进一步完善[31,67]。

4.2.2.4 三维激光扫描

三维激光扫描能同步获取植株的整体形态特性，且精度可达到微米级，能够实现对营养胁迫导致的叶面积、株高、茎粗长势差异特征进行提取和分析[70]。郭焱等利用 Fast SCANTM 三维激光扫描仪采集田间生长的烟株叶片，所采集的数据可以精确反映烟株的形态特征，为研究烟株冠层分布和定量化评估建立了基础[71]。李立以设施生菜和番茄为对象，提出了利用高光谱视觉图像、图像技术和三维激光扫描图像，通过多传感信息融合对作物氮素和水分胁迫进行无损检测的方法[70]。

与传统的视觉图像和接触式的测量方法相比，三维激光扫描能够同步获取植株的整体形貌特征且精度较高，可实现作物长势综合特征的精确提取和分析，但需要进一步的深入研究。

4.3 本章小结

本章主要介绍了作物长势遥感监测机理和作物长势遥感监测方法。大田作物长势监测的部分并不能直接应用于设施作物长势检测，但综合各种监测方法的信息和优势，研究和开发相应的专家系统，将有助于获取设施作物长势的比较完整的信息。

参考文献

[1] 杨邦杰，裴志远. 农作物长势的定义与遥感监测[J]. 农业工程学报，1999，15(3)：214-218.

[2] RAO M V K, AYYANGAR R S, RAO P P N. Role of multispectral data in assessing crop management and crop yield[J]. Machine processing of remotely sensed data: Crop inventory and monitoring, 1982: 226-234.

[3] VINA A. Remote estimation of leaf area index and biomass in corn and soybean[M]. [s. l.]:[s. n.], 2004.

[4] 吴素霞，毛任钊，李红军，等. 中国农作物长势遥感监测研究综述[J]. 中国农学通报，2005，21(3)：319-322.

[5] 陈怀亮，李颖，张红卫. 农作物长势遥感监测业务化应用与研究进展[J]. 气象与环境科学，2015(1)：95-102.

[6] 孙华生. 利用多时相 MODIS 数据提取中国水稻种植面积和长势信息[D]. 杭州：浙江大学，2009.

[7] 赵虎，杨正伟，李霖，等. 作物长势遥感监测指标的改进与比较分析[J]. 农业工程学报，

2011,27(1):243-249.
[8] JORDAN C F. Derivation of leaf-area index from quality of light on the forest floor [J]. Ecology,1969,50(4): 663-666.
[9] ROUSE J W, HAAS R H, SCHELL J A, et al. Monitoring vegetation systems in the Great Plains with ETRS[J]. In: Third ETRS Symposium, NASA SP353, Washington, DC, 1973(1): 309-317.
[10] TUCKER C J. Red and photographic infrared linear combinations for monitoring vegetation[J]. Remote sensing of Environment, 1979, 8(2): 127-150.
[11] HUETE A R. A soil-adjusted vegetation index (SAVI)[J]. Remote sensing of environment,1988,25(3):295-309.
[12] QI J, CHEHBOUNI A, HUETE A R, et al. A modified soil adjusted vegetation index[J]. Remote sensing of environment, 1994, 48(2): 119-126.
[13] VERSTRAETE M M, PINTY B. Designing optimal spectral indexes for remote sensing applications[J]. IEEE Transactions on Geoscience and Remote Sensing, 1996, 34(5): 1254-1265.
[14] MCFEETERS S K. The use of the Normalized Difference Water Index (NDWI) in the delineation of open water features[J]. International journal of remote sensing, 1996, 17(7): 1425-1432.
[15] BANNARI A, ASALHI H, TEILLET P M. Transformed difference vegetation index (TDVI) for vegetation cover mapping[C]//IEEE Int. Geoscience and Remote Sensing Symposium. 2002(5): 3053-3055.
[16] 徐希孺. 遥感物理[M]. 北京:北京大学出版社,2005:25-159.
[17] CHEN J M, BLACK T A. Defining leaf-area index for non-flat leaves. Plant Cell Environ, 1992(4): 421-429.
[18] 王纪华,赵春江,黄文江,等. 农业定量遥感基础与应用[M]. 北京:科学出版社,2008.
[19] 董莹莹. 农作物群体长势遥感监测及长势参量空间尺度问题研究[D]. 杭州:浙江大学,2013.
[20] BOEGH E, SOEGAARD H, BROGE N, et al. Airborne multispectral data for quantifying leaf area index, nitrogen concentration, and photosynthetic efficiency in agriculture[J]. Remote Sensing of Environment, 2002, 81(2-3):179-193.
[21] GUTMAN G, IGNATOV A. The derivation of the green vegetation fraction from NOAA/AVHRR data for use in numerical weather prediction models[J]. International Journal of remote sensing,1998,19(8):1533-1543.
[22] 李宗南. 冬小麦长势遥感监测指标研究[D]. 北京:中国农业科学院,2010.
[23] DAWSON T P, CURRAN P J. Technical note A new technique for interpolating the reflectance red edge position[J]. 1998.
[24] 王超,王建明,冯美臣,等. 基于多变量统计分析的冬小麦长势高光谱估算研究[J]. 光谱学与光谱分析,2018,38(05):1520-1525.
[25] 史定珊,毛留喜. NOAA/AVHRR 冬小麦苗情长势遥感动态监测方法研究[J]. 气象学

报,1992,50(4):520-523.
[26] 王延颐,MALINGREAU J P. 应用 NOAA/AVHRR 对江苏省作物进行监测的可行性研究[J]. 环境遥感,1990,5(3):221-227.
[27] 谭昌伟,王纪华,陆建飞,等. 基于红边参数的夏玉米长势监测及其营养诊断研究倡[J]. 中国生态农业学报,2007,15(1):82-86.
[28] 蒙继华,吴炳方,李强子,等. 农田农情参数遥感监测进展及应用展望[J]. 遥感信息,2010(3):35-43.
[29] 李剑萍. 气象卫星作物长势监测及产量预报系统[J]. 气象科技,2002,30(2):108-111.
[30] BHARATI M H, LIU J J, MACGREGOR J F. Image texture analysis: methods and comparisons[J]. Chemometrics and intelligent laboratory systems, 2004, 72(1): 57-71.
[31] 刘继承,姬长英. 作物长势监测的应用研究现状与展望[J]. 江西农业学报,2007,19(3):17-20.
[32] SAKAMOTO T, GITELSON A A, Nguy-Robertson A L, et al. An alternative method using digital cameras for continuous monitoring of crop status[J]. Agricultural and Forest Meteorology, 2012(154): 113-126.
[33] 薛惠云. 基于光空间分布的棉花长势监测研究[D]. 武汉:华中农业大学,2016.
[34] 武建军,杨勤业. 干旱区农作物长势综合监测[J]. 地理研究,2002,21(5):593-598.
[35] 孔令寅,延昊,鲍艳松,等. 基于关键发育期的冬小麦长势遥感监测方法[J]. 中国农业气象,2012,33(3):424-430.
[36] 赵锐,汤君友,何隆华. 江苏省水稻长势遥感监测与估产[J]. 国土资源遥感,2002,14(3):9-11.
[37] 吴炳方,张峰,刘成林,等. 农作物长势综合遥感监测方法[J]. 遥感学报,2004,8(6):498-514.
[38] ZHANG X Y, FRIEDL M A, SCHAAF C B, et al. Monotoring vegetation phenology using MODIS[J]. Remote Sensing of Environment, 2002, 84(3): 471-475.
[39] 韩衍欣,蒙继华,徐晋. 基于 NDVI 与物候修正的大豆长势评价方法[J]. 农业工程学报,2017,33(02):177-182.
[40] 顾晓鹤,宋国宝,韩立建,等. 基于变化向量分析的冬小麦长势变化监测研究[J]. 农业工程学报,2008,24(4):159-165.
[41] 马玉平,王石立,张黎,等. 基于遥感信息的华北冬小麦区域生长模型及模拟研究[J]. 气象学报,2005,63(2):204-215.
[42] ASSENG S , ZHU Y , BASSO B , et al. Simulation Modeling: Applications in Cropping Systems[J]. Encyclopedia of Agriculture & Food Systems, 2014:102-112.
[43] 刘布春,王石立,马玉平. 国外作物模型区域应用研究进展[J]. 气象科技,2002,30(4):193-203.
[44] 曹卫星,罗卫红. 作物系统模拟及智能管理[M]. 北京:高等教育出版社,2003:21-26.
[45] 李存军,王纪华,王娴,等. 遥感数据和作物模型集成方法与应用前景[J]. 农业工程学报,2008,24(11):295-301.

[46] MAAS S J. Use of remotely-sensed information in agricultural crop growth models [J]. Ecological Modelling，1988，41(3-4)：247-268.
[47] 沈掌泉，王珂，王人潮. 基于水稻生长模拟模型的光谱估产研究[J]. 遥感技术与应用，1997(2)：18-21.
[48] FISCHER A. A model for the seasonal variations of vegetation indices in coarse resolution data and its inversion to extract crop parameters[J]. Remote Sensing of Environment，1994，48(2)：220-230.
[49] 马玉平，王石立. 利用遥感技术实现作物模拟模型区域应用的研究进展[J]. 应用生态学报，2004，15(9)：1655-1661.
[50] MAAS S J. Use of remotely sensed information in plant growth simulation models [J]. Adv. Agron，1991(1)：17-26.
[51] 闫岩，柳钦火，刘强，等. 基于遥感数据与作物生长模型同化的冬小麦长势监测与估产方法研究[J]. 遥感学报，2006，10(5)：804-811.
[52] 刘峰，李存军，董莹莹，等. 基于遥感数据与作物生长模型同化的作物长势监测[J]. 农业工程学报，2011，27(10)：101-106.
[53] 马骅. 基于多源遥感数据的油菜长势监测[D]. 武汉：华中农业大学，2016.
[54] 赵虎. 作物物候期及长势遥感监测若干问题研究[D]. 武汉：武汉大学，2010.
[55] 龚爱平. 基于嵌入式机器视觉的信息采集与处理技术研究[D]. 杭州：浙江大学，2013.
[56] 何东健，张海亮，宁纪锋，等. 农业自动化领域中计算机视觉技术的应用[J]. 农业工程学报，2002，18(2)：171-175.
[57] 高俊梅，黄忠文. 图像处理技术在农业上的应用[J]. 农业网络信息，2014(5)：34-39.
[58] 林开颜，徐立鸿，吴军辉. 计算机视觉技术在作物生长监测中的研究进展[J]. 农业工程学报，2004(2)：279-283.
[59] 虞晓娟，李锦卫，廖桂平. 作物数字图像评价与校正算法的应用研究[J]. 农业网络信息，2010(2)：19-23，54.
[60] 姜伟杰. 基于光谱分析及光谱图像技术作物长势检测研究综述[C]//中国农业工程学会. 纪念中国农业工程学会成立30周年暨中国农业工程学会2009年学术年会(CSAE 2009)论文集. 中国农业工程学会：中国农业工程学会，2009：4.
[61] 张喜杰，李民赞，崔笛，等. 温室作物长势的光谱学诊断方法研究与仪器开发[J]. 光谱学与光谱分析，2006，26(5)：887-890.
[62] 张喜杰. 基于光谱技术的温室作物长势检测及传感技术研究[D]. 北京：中国农业大学，2007.
[63] 杨策. 基于NIR的番茄叶片叶绿素含量快速检测技术研究[D]. 北京：中国农业大学，2009.
[64] 邹兵，侯加林，李民赞. 基于光谱学和ARM的番茄叶绿素检测仪的开发[J]. 农业工程学报，2010，26(12)：223-226.
[65] GARCIA-SANCHEZ A J，GARCIA-SANCHEZ F，GARCIA-HARO J. Wireless sensor network deployment for integrating video-surveillance and data-monitoring in precision agriculture over distributed crops[J]. Computers and Electronics in Agri-

culture, 2011, 75(2): 288-303.

[66] 杨信廷,吴滔,孙传恒,等.基于 WMSN 的作物环境与长势远程监测系统[J].农业机械学报,2013,44(1):167-173.

[67] 吴滔.基于无线多媒体传感器网络的作物环境与长势远程监测系统[D].南昌:华东交通大学,2013.

[68] 赵晓勤,宋世文,李建国,等.荔枝生产相关的水分生理指标远程监测研究[J].果树学报,2005,22(6):644-648.

[69] 杨信廷,吴滔,孙传恒,等.基于 WMSN 的作物环境与长势远程监测系统[J].农业机械学报,2013,44(1):167-173.

[70] 李立.设施作物长势营养信息研究及移动检测平台开发[D].镇江:江苏大学,2016.

[71] 郭焱,史同鑫,吴劼,等.烟草植株静态虚拟模型的研究[J].中国烟草学报,2012,18(5):29-33.

第 5 章　作物病虫害遥感监测原理与方法

我国是农业大国，农作物病虫害对农业生产的影响是非常严重的，每年由于病虫害造成的损失达到 10%～15%，因此，如何及时发现病虫害并及早防治，尽可能减少损失，提高农作物产量，是当前农业生产中亟待解决的问题[1]。

作物病虫害发生的初期或发生面积较小时难以发现，等大面积成灾时再发现和防治，不仅会加大防治难度，也会大大增加经济成本。传统监测方法是到现场观察有无病虫害发生并调查其危害程度，费时费力且获得的信息具有滞后性，严重影响预报准确率。遥感技术在监测作物病虫害时具有面积大、周期短、获取信息不受干扰等优势，可及时准确掌握病虫害的发生情况，降低经济成本，为病虫害的有效监测提供了新的思路和手段。

作物病虫害遥感监测需要及时了解病虫的发生、发展和危害规律，准确掌握病虫害发生的地理位置、发生面积、危害等级、预测蔓延范围等，从而为病虫害预测、防治以及日常管理提供参考和依据[2-3]。

5.1　作物病虫害遥感监测机理

作物病虫害一般是指病、虫等有害生物对作物造成的伤害，不过从严格意义上讲，只有作物病虫害成灾的情况下才能被称为作物病虫灾害[4]。作物病虫害种类很多，其主要危害部位也不尽相同，如食叶性害虫危害叶子，蛀杆性害虫危害枝干，根性害虫危害根部等。虽然其危害方式不尽相同，但最终都会导致农作物的生长受到影响，使作物的外貌及冠层发生变化，具体可表现为两种形式：一是外部形态变化；一是内部生理变化。外部形态的变化主要表现为叶子失水枯黄、落叶、卷叶等，叶片、幼芽被吞噬，枝条枯萎和枯死导致冠层形状发生变化等。生理变化则表现为叶绿素组织遭受破坏，光合作用、养分水分吸收、运输、转化等机能衰退。

由图 4-1 可以看出，影响作物反射率的主要因素有叶色（图 5-1），细胞结构和含水量（图 5-2），不论是形态的变化还是生理变化，最终都会引起反射率的变化，从而使受病虫害侵染的作物部位在光谱特性上与辐射特征上发生明显变化，最终使遥感图像光谱值与纹理结构发生变化[5]。

植物的光谱特性是植物在生长过程中与环境因子（生物因子和非生物因子）相互作用的综合光谱信息[6]。健康的植株光谱由于受到各类色素（叶绿素、类胡萝卜素、花青素）的吸收，通常在可见光区域有较低的反射率；受到叶片内部组织的空气细胞界面的多次散射作用，在近红外区域往往具有较高的反射率；受水、蛋白质和其他含碳成分的吸收作用，在短波红外区域呈现较低的反射率。而植物在受病虫侵染后通常会在叶片上形成不同形式的病斑、坏死或枯萎的区域，色素的含量和活性也随之降低，从而使可见光区域的反射率增加，并

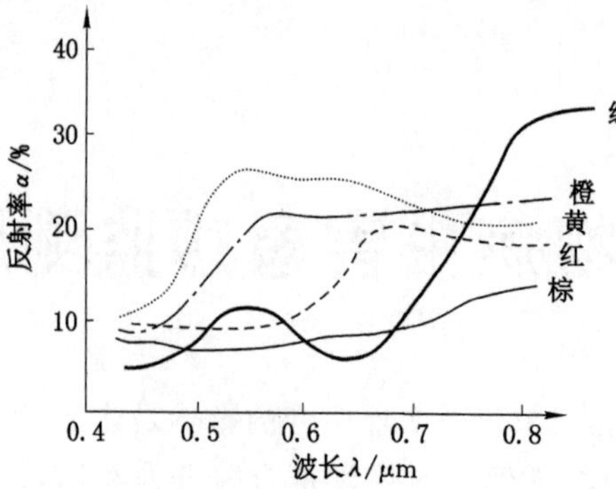

图 5-1 不同颜色叶片的植物反射光谱曲线

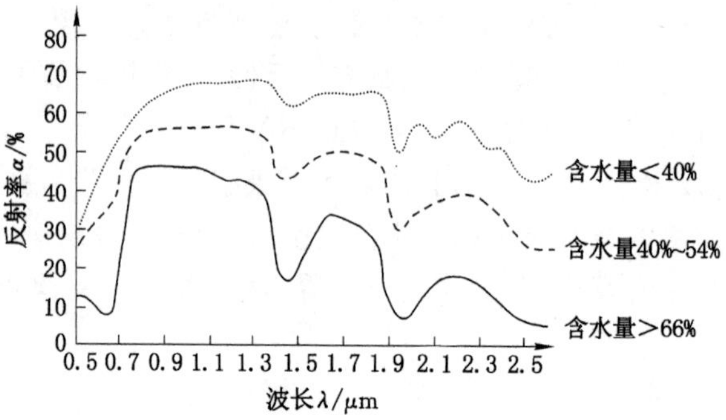

图 5-2 不同含水量对玉米叶片反射率的影响

使得红边位置(植物光谱中红波段和近红外波段的反射率强度快速转换的区域,位置通常在680～750 nm)向短波长方向移动(蓝移)。另外,由于植株的衰老、生长速率降低以及落叶等影响通常使近红外区域的反射率降低。此外,染病植物的冠层光谱由于同时受到植株形态和结构的影响,通常会与其病叶的光谱有一定程度的差异(图 5-3)。

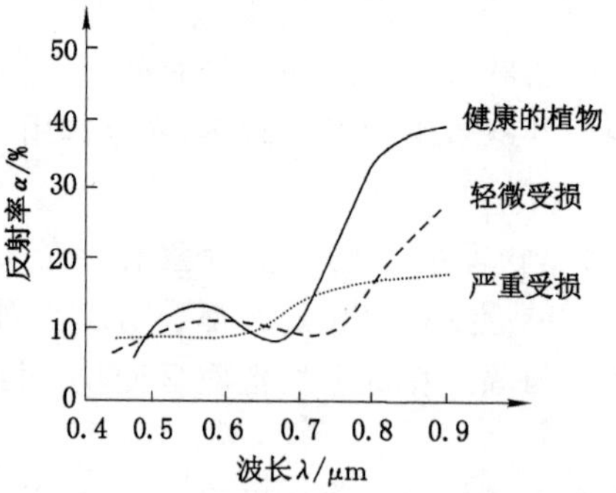

图 5-3 遭受不同程度损害的植物反射光谱曲线

植物在病虫害侵染条件下会在不同波段上表现出不同程度的吸收和反射特性的改变,即病虫害的光谱响应,通过形式化表达成为光谱特征后作为作物病虫害光学遥感监测的基本依据。植物病害的光谱响应可以近似认为是一个病虫害引起的植物色素、水分、形态、结构等变化的函数，因此往往呈现多效性，并且与每一种病害的特点有关[7]。

作物因种类、叶绿素含量、生长阶段、细胞含水量、叶型结构以及健康状况等因素的不同而产生不同的光谱反映特性。通过分析植物的反射光谱曲线可以看到，植物叶面在红光波段吸收特性很强，在近红外波段反射特性很强，这是植被遥感监测的物理基础，当作物受病虫害侵袭，叶片减少，冠层稀疏，叶内含水量和叶绿素含量减少时，反射率则明显下降，这种近红外波段反射率的降低是病虫害发生的征兆，因此，根据植被光谱反射值的变化及其结构异常反映在遥感影像上的不同记录，利用遥感图像增强处理和模式识别技术，并在地理信息系统支持及其他资料的辅助下，就可以对作物病虫害进行遥感监测。遥感技术就是根据接收到这些光谱特性的变化来监测病虫害，也是病虫害遥感监测的理论基础和原理依据。

5.2　作物病虫害光谱特征信息提取

病虫害遥感监测依据一些光谱波段或特征来实现，因此一个非常重要的问题是如何在成千上万个光谱波段或光谱特征中筛选出对特定的病虫害最敏感的光谱特征。为此，需要对光谱波段进行敏感性分析和特征变化提取等处理。

5.2.1　光谱敏感度

植物叶片或冠层光谱特征是对植物受病害胁迫后生理生化指标、形态结构等改变的一个整体响应，具有高度的相关性和复杂性。通过光谱敏感度可以筛选出对病虫害响应敏感的波段。

光谱敏感度定义为：

$$\mathrm{SI}=(\mathrm{Ss}-\mathrm{Sn})/\mathrm{Sn} \tag{5-1}$$

式中　SI——光谱敏感度；

Ss——受胁迫植株光谱反射率；

Sn——正常植株光谱反射率。

感染作物与未感染作物之间的反射率差异能够更明确表达不同病害程度光谱响应的差异性。光谱敏感度在某一波段为正值时，受胁迫植株的光谱反射率高于正常植株，并且光谱敏感度值越大，受胁迫植株的光谱反射率与正常植株光谱反射率差异越显著，反之亦然。

5.2.2　导数光谱

导数光谱或光谱微分技术是分析高光谱遥感信息较为常用而且有效的方法。对光谱曲线进行微分处理或采用数学函数估算整个光谱的斜率，由此得到的光谱曲线斜率为微分光谱，也称为导数光谱，可以分为一阶导数和高阶导数光谱。

在植被光谱数据分析中，利用光谱微分处理技术可以降低背景噪声和提高重叠光谱的分辨率。在太阳光的大气窗口，探测到的光谱是地物吸收光谱及大气吸收和散射光谱的混合光谱，通常以光谱反射率数据或图像来表征。植物光谱的导数实质上反映了植物内部物质的吸收波形变化[8]。

$$\text{一阶导数光谱 } \mathrm{FD}(\lambda_i)=\partial R(\lambda_i)=\frac{R(\lambda_{i+1})-R(\lambda_{i-1})}{2\Delta\lambda} \tag{5-2}$$

$$\text{二阶导数光谱 } \mathrm{SD}(\lambda_i)=\partial\partial R(\lambda_i)=\frac{\partial R(\lambda_{i+1})-\partial R(\lambda_{i-1})}{2\Delta\lambda} \tag{5-3}$$

式中 λ_i——波段 i 的波长值；

$R(\lambda_i)$——波长 λ_i 的光谱值(如反射率、透射率等)；

$\Delta\lambda$——波长 λ_{i+1} 到 λ_{i-1} 的差值。

在光谱变换的基础上，研究学者进一步提出了光谱位置变量，光谱位置变量是指在光谱曲线上具有一定特征的点(最高点、最低点、拐点等)的波长。其中最常用的是红边效应和光谱吸收特征分析技术。植被体内的色素、水分和其他干物质的光谱吸收，在可见—近红外波段形成了蓝边、黄边、红边等特征光谱变化区域，这些光谱特征区域是植被区别于其他地物的特有性质，因此利用蓝边、黄边、红边等光谱位置/波长(其定义是反射光谱一阶微分最大值对应的光谱位置)，能够反演植物生理生化参数[9]。

红边参数里边的“红边”区(图 5-4)是指从植被红外波段吸收区的反射率低点到近红外波段反射区的反射率高点的过渡区。植物在生长发育过程中，随着时间的推移会受到病虫害的侵袭等因素的影响，从而引起遥感影像的光谱反映发生变化，引起光谱反射红边、蓝边斜率的变化以及位置的偏移。通过研究发现，植被光谱“红边”过渡区对植被生长状况的敏感性高，同时红边拐点的波长位置与叶绿素浓度呈正相关。

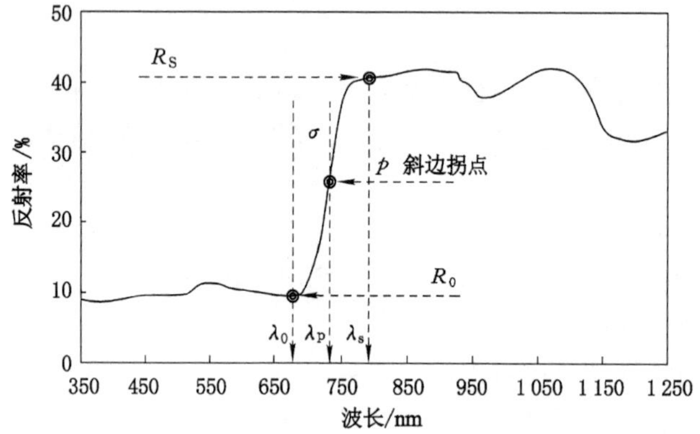

图 5-4 红边定义及主要特征参数

线性或接近线性的背景、噪声会对目标光谱产生影响，而光谱一阶微分可以去除这部分影响，同时受害植物与健康植物的微分光谱中，也会产生“蓝移”或者“红移”的现象，因此利用光谱曲线微分可以更好地反映植被光谱变化特征。植被红边曲线含有丰富的植被信息，其光谱特征有很强的植被表现能力，所以一般从红边光谱曲线提取特征参量，通过红边特性研究就可以进行植被健康状况的监测。

5.2.3 连续统去除

连续统是一个数学概念，在遥感光谱分析中，光谱曲线的连续统去除由凸出的极值点逐点相连接构成，并使得折线段在极值点的外角大于 180°，用实际光谱波段值去除连续统上相应波段值，所得反射率为连续统去除后的相对反射率。经连续统去除后，“峰值”点上的相对值均为 1，非“峰值”点上的值均小于 1。这样可以将光谱统一到[0,1]之间，数据间就具备了可比性。因为连续统去除之后的光谱反射率相对值可以反映不同变换方式的光谱在吸收特征区间[0,1]之间所携带的信息量差异，通过这些信息量的差异可以判断农作物受病害感染的敏感波段(图 5-5)。

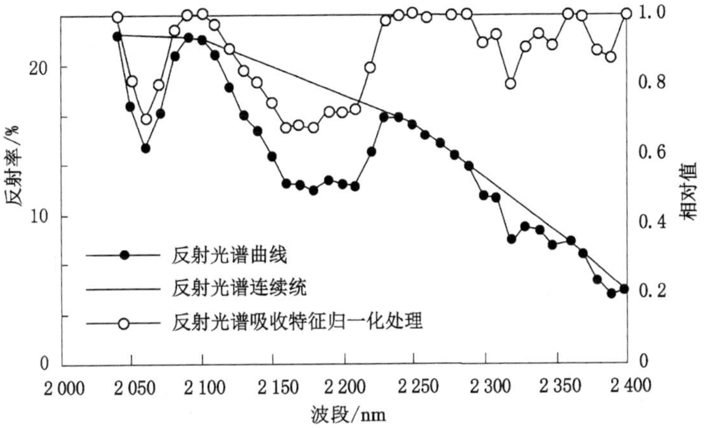

图 5-5　反射光谱吸收特征归一化处理(连续统去除法)

光谱的吸收特征能够很好地反演作物的一些生化组分,连续统去除法提取光谱特征是一种针对高光谱数据吸收谷等特征信息处理的有效手段,原始光谱曲线经过连续统去除后,可以得到叶片组织结构、色素含量、水分和蛋白质中各种基团对反射光谱响应的重要特征,这些吸收特征参数主要包括吸收波段波长位置、深度、宽度、斜率、面积、对称度等。

5.2.4　连续小波变换

连续小波变换(Continuous Wavelet Transformation,CWT)通过将原始波谱曲线与一个特定的小波基函数通常在植被光谱分析中适用高斯函数在不同位置、不同尺度上进行相关分析,从而生成一系列位置和尺度连续的小波能量系数,这种变化能够同时捕捉到光谱在强度、位置和形状上的信息,并且其高频信号和低频信号能够将波谱的细特征和粗特征等很好地分离,因此可能具有比上述几种指标更强的光谱变化表征能力[7]。

CWT 的整体分析流程中包括一步对原始光谱信号的连续小波分解,将分解所得小波系数与病情指数的相关分析以及在生成的相关系数矩阵中进行特征选择的过程。对原始光谱的连续小波分解是其中最主要的过程,所采用的小波基函数(mother wavelet)通用形式如下:

$$\psi_{\mathrm{a,b}}(\lambda)=\frac{1}{\sqrt{a}}\psi\left(\frac{\lambda-b}{a}\right) \tag{5-4}$$

式中　a——波宽;

　　　b——相位。

通过小波分解后,可以得到在一系列位置(即小波基中心对应波长)和分解尺度(控制波形的伸缩)上的能量系数:

$$W_f(a,b)=\langle f,\psi_{a,b}\rangle=\int_{-\infty}^{+\infty}f(\lambda)\psi_{a,b}(\lambda)\mathrm{d}\lambda \tag{5-5}$$

式中　$f(\lambda)$——反射率光谱;

　　　$\lambda=1,2,\cdots,n$,n 为波段数。

5.2.5　植被指数

植被指数是指选用植被的某些现象在光谱上的响应波段,通过一系列的线性或非线性的组合(加、减、乘、除等)之后构成的一类特定数学模型。当作物受到病虫害感染后,其物理状态和化学状态会发生某些变化,利用植被指数可以提取农作物相应的变化参数。

目前,已有多个植被指数用于植物病虫害、水分和营养状况的识别和诊断研究中,常用于植物病害监测的植被指数见表 5-1。

表 5-1　　作物病虫害监测相关常用植被指数

植被指数名称	表达式	文献出处
Normalized Difference Vegetation Index(NDVI)	$NDVI=\frac{Ref_{NIR}-Ref_{RED}}{Ref_{NIR}+Ref_{RED}}$	[10],[11]
Simple ratio(SR)	$SR=\frac{Ref_{NIR}}{Ref_{RED}}$	[12]
Green normalized difference vegetation index(GNDVI)	$GNDVI=\frac{Ref_{GREEN}-Ref_{RED}}{Ref_{GREEN}+Ref_{RED}}$	[10]
Water band index(IWB)	$IWB=\frac{Ref_{950\ nm}}{Ref_{900\ nm}}$	[13]
Soil-adjusted vegetation index(SAVI)	$SAVI=\frac{(Ref_{NIR}-Ref_{RED})(1+L)}{Ref_{NIR}+Ref_{RED}+L}\quad (L=0.5)$	[10]
Photochemical reflectance index(PRI)	$PRI=\frac{Ref_{531\ nm}-Ref_{570\ nm}}{Ref_{531\ nm}+Ref_{570\ nm}}$	[14],[11]
Triangular vegetation index(TVI)	$TVI=0.5\times[120\times(Ref_{750nm}-Ref_{550nm})-200\times(Ref_{670nm}-Ref_{550\ nm})]$	[12]
Red-edge vegetation stress index(RVSI)	$RVSI=\frac{Ref_{714\ nm}-Ref_{752\ nm}}{2}-Ref_{733\ nm}$	[11]
Modified chlorophyll (a and b)absorption in reflectance index(MCARI)	$MCARI=[(Ref_{700\ nm}-Ref_{670\ nm})-0.2\times(Ref_{700\ nm}-Ref_{550\ nm})]\times\frac{Ref_{700\ nm}}{Ref_{670\ nm}}$	[11]
Visible atmospherically resistance index(VARI)	$VARI=\frac{Ref_{GREEN}-Ref_{RED}}{Ref_{GREEN}+Ref_{RED}-Ref_{BLUE}}$	[11]
Water index(WI)	$WI=\frac{Ref_{900\ nm}}{Ref_{970\ nm}}$	[11]
Anthocyanin reflectance index(ARI)	$ARI=\frac{1}{Ref_{550\ nm}}-\frac{1}{Ref_{700nm}}$	[15]
The transformed chlorophyll absorption and reflectance index(TCARI)	$TCARI=3\times[(Ref_{700\ nm}-Ref_{670\ nm})-0.2\times(Ref_{700\ nm}-Ref_{550\ nm})\times\frac{Ref_{700\ nm}}{Ref_{670\ nm}}]$	[16]
Optimized Soil-Adjusted Vegetation Index(OSAVI)	$OSAVI=1.16\times\frac{Ref_{800\ nm}-Ref_{670\ nm}}{Ref_{800\ nm}+Ref_{670\ nm}+0.16}$	[16]
Nitrogen reflectance index(NRI)	$NRI=\frac{Ref_{570\ nm}-Ref_{670\ nm}}{Ref_{570\ nm}+Ref_{670\ nm}}$	[17]

续表 5-1

植被指数名称	表达式	文献出处
Structural Independent Pigment Index(SIPI)	$SIPI=\frac{Ref_{800nm}-Ref_{445nm}}{Ref_{800nm}+Ref_{680nm}}$	[17]
Plant scenescence reflectance index(PSRI)	$PSRI=\frac{Ref_{678\ nm}-Ref_{500\ nm}}{Ref_{750\ nm}}$	[17]
Normalized Pigment chlorophyll ratio Index(NPCI)	$NPCI=\frac{Ref_{680\ nm}-Ref_{430\ nm}}{Ref_{680\ nm}+Ref_{430\ nm}}$	[17]
Different vegetation index(DVI)	$DVI=Ref_{NIR}-Ref_{Red}$	[18]
Perpendicular vegetation index(PVI)	$PVI=\frac{Ref_{NIR}-aRef_{Red}-b}{\sqrt{1+a^2}}$, $a=10.489, b=6.604$	[19]
Enhanced vegetation index(EVI)	$EVI=\frac{\rho_{nir}-\rho_{red}}{\rho_{nir}+C_1\rho_{red}-C_2\rho_{blue}+L}G$	[19]
Green vegetation index(GVI)	$GVI=(-0.283MSS4-0.66MSS5+0.577MSS6+0.388MSS7)$	[20]
Global Environment Monitoring index(GEMI)	$GEMI=a(1-0.25a)-(R-0.125)/(1-R)$ $a=[2(NIR^2-R^2)+1.5NIR+0.5R]/(NIR+R+0.5)$	[21]
Yellow vegetation index(YVI)	$YVI=(-0.283MSS4-0.66MSS5+0.577MSS6+0.388MSS7)$	[20]
Soil back linear index(SBLI)	$SBLI=(MSS7-2.4MSS5)$	[19]
Adjust soil blight index(ASBI)	$ASBI=2.0YVI$	[22]
Adjust green vegetation index(AGVI)	$AGVI=GVI-(1+0.018GVI)YVI-NSI/2NSI$	[22]

5.3　作物病虫害遥感监测方法

为实现对作物病虫害类型的遥感识别和病害程度区分，除了需要筛选上述光谱特征信息，还需要选择合适的识别和区分算法，以建立这些病情和光谱特征之间的关系。也就是通过监测病虫害对植物生长造成的影响来识别病虫害，监测方法是通过探寻病虫害信息与原始光谱之间的数学关系完成，比如与基于光谱信息而构建的植被指数、叶面积指数，或者与森林生物量建立一定的线性、非线性等数学关系，然后建立一定的数学模型，从而鉴别变化的区域，进行变化信息的提取，达到识别病虫害的目的。

目前针对不同类型病害的特点，学者们提出了多种方法和模型，根据其数据源的不同大致可以分为两类：一类是基于视觉图像数据，另一类是基于高光谱非成像数据。建立的各种方法中涉及多元统计分析、数据挖掘算法和图像分析方法等，总的目的是为了使所建立的模型具有较高的精度和专一性，即只对病虫害信息敏感。

5.3.1 基于视觉图像的病虫害识别

病害作物大部分病症都能体现在其叶片上，由叶片内部结构的改变到肉眼可见的叶片颜色、形状、厚度、纹理等变化，其外表表现出不正常状态，如变色、坏死、萎蔫、糜烂、畸形，以及出现病斑、菌丝、孢子等，这就为基于视觉成像光谱的作物病害进行无损检测及诊断提供可能。

国际上基于视觉成像光谱的病虫害识别研究多数为宏观、大面积方向，主要通过卫星与航空遥感影像进行分析处理；国内病虫害成像光谱的研究多数集中于小群体或个体间的各特征差异，主要是通过计算机视觉技术开展近距离、小范围的研究。基于卫星遥感的研究需要大量精确的数据。卫星分辨率越高，能获取的信息越多，也越准确[23]。

5.3.1.1 颜色特征提取

颜色特征是一种全局性特征，由于颜色与遥感图像中的地物属性密切相关，因此它是遥感图像处理中常用的一类视觉特征。相对于其他特征（如纹理特征、形状特征等），颜色特征的提取相对简单，而且它对图像的旋转、平移、尺度等变换不敏感，是一种稳定且常用的图像特征。

在日常生活中，对颜色的感知是通过人类的视觉系统来进行的，具有一定的主观性，而提取图像的颜色特征需要有一个客观的标准。因此，对颜色特征的提取必须在特定的颜色空间内。常用的颜色空间有 RGB 颜色空间和 Lab 颜色空间。

（1）RGB 颜色空间

RGB 颜色模型是众多颜色模型中使用最多且最广泛的颜色模型，目前大多数的图片都是采用模型存储的。在 RGB 颜色空间中，有 R、G、B 三基色，分别代红、绿、蓝 3 种颜色，它们表示图像的 3 个通道，也就是 3 维空间中相互垂直的 3 个坐标轴。当这三基色按照不同的比例相加就可以得到空间内任意一种颜色。

（2）Lab 颜色空间

Lab 颜色空间是 1976 年国际照明委员会定义的一种颜色空间，其色域宽广。在这种颜色空间中，人类视觉观察到的两种颜色的差别程度与空间中两点的距离差别程度成正比，符合人类的视觉感知，所以称 Lab 颜色空间为均匀的颜色空间。与 RGB 颜色空间中的 3 个既包括颜色又包括亮度的通道不同，在 Lab 色彩模型的 3 个通道中，L 通道表示亮度，a 通道表示从红色至绿色的范围，b 通道表示从黄色至蓝色的范围，即透明度和颜色是分开的。由于 Lab 可以很好地对现有色彩进行描述，且实现了颜色的均匀分布，因此有很高的使用价值。在计算机中，数字图像的存储都是以 RGB 值来存储的，所以在使用色彩空间时，需要在这两个颜色空间内进行转化。

5.3.1.2 纹理特征提取

在图像中，除了颜色、亮度、形状等特征以外，灰度的变化也呈现一定的规律，把这种图像中像元或子区域内的灰度变化规律称为图像的纹理，在图像分析中将描述这种灰度变化规律的数字特征称为图像的纹理特征。纹理表现为图像中反复出现的局部模式及其排列规则，反映图像亮度的空间变化情况，是区域中像素灰度级的空间分布属性的一种反映[24]。纹理也可以理解为由图像的像素组成的纹理基元具有一定的排列规则且重复出现或纹理区域内各部分具有大致相同的结构[25]。

纹理分析方法主要有两类：一类是基于统计方法的纹理模型分析，其基于像素灰度进行，包括灰度共生矩阵和自相关法等，其在不知道纹理基元情况下进行纹理分析，建立纹理模型、自相关函数、数字变换方法，这种方法原理简单且空间域分辨性高；另一类是基于纹理基元的结构分析方法，此种方法需要考虑诸基元之间的相互关系，要对纹理基元及其排列规则进行描述，并对纹理图像做出分析及解释[5]。

灰度共生矩阵提供了影像中像元与整体影像及像元与像元间的空间关系，其通过计算影像灰度级之间的联合条件概率密度来表示纹理。其计算方法是先根据影像的灰度级数和灰度变化情况计算出 0°、45°、90°、135° 4 个方向任意 2 个灰度级相邻出现的概率矩阵，即灰度共生矩阵，再对该矩阵作归一化和对称化处理得到灰度联合矩阵，从而 0°、45°、90°、135° 4 个方向灰度之间的空间共生特征就作为纹理的度量[26]。

利用灰度共生矩阵可以得到多个从侧面描述影像纹理特征的纹理量，如均值、方差、协同性、对比度、相异性、能量、角二阶矩、相关性等[27]。

(1) 方差(Variance)

方差反映纹理图像灰度的离散情况，其计算公式如下：

$$\mathrm{VAR} = \sum_{i=1}^{n}\sum_{j=1}^{n}(i-\mu)^2 P(i,j) \tag{5-6}$$

(2) 相关性(Correlation)

相关性可以衡量灰度共生矩阵的元素在列方向或行方向上的相似程度。对共生矩阵来说，就是它在行、列方向上元素的相似程度。如果在共生矩阵中，各个元素的值的分布较均匀，则相关度较大；若各个元素的值相差很大，则相关度就较小。另外，如果图像纹理有某种方向性时，则该方向上的相关度也较大，其计算公式如下：

$$\mathrm{COR} = \left[\sum_{i=1}^{n}\sum_{j=1}^{n}P(i,j)\times(i-n)\times(j-n)\right]/(|i-n|\times|j-n|) \tag{5-7}$$

(3) 均值(Mean)

均值反映纹理图像亮度，其计算公式如下：

$$\mathrm{MEA} = \sum_{i=1}^{n}\sum_{j=1}^{n} iP(i,j) \quad 或 \quad \mathrm{MEA} = \sum_{i=1}^{n}\sum_{j=1}^{n} jP(i,j) \tag{5-8}$$

(4) 协同性(Homogeneity)

协同性表征图像纹理的同质性，其值大说明图像不同区域纹理间缺少变化，局部非常均匀，反之相反。其计算公式如下：

$$\mathrm{HOM} = \sum_{i=1}^{n}\sum_{j=1}^{n}P(i,j)/[1+(i-j)^2] \tag{5-9}$$

(5) 熵(Entropy)

熵可以度量图像所具有的信息量的丰富程度，图像纹理越丰富复杂，信息量就越大，熵的值也越大。图像中纹理简单，甚至无纹理，则信息量就小，熵也就越小甚至为 0，其计算公式如下：

$$\mathrm{ENT} = \sum_{i=1}^{n}\sum_{j=1}^{n}P(i,j)\times \ln P(i-j) \tag{5-10}$$

(6) 对比度(Contrast)

对比度反映图像清晰度和纹理沟纹深浅程度。对比度越大，纹理沟纹深，视觉效果清晰；反之，对比度小，则沟纹浅，效果模糊。灰度差即对比度大的像素对越多，对比度值越大。灰度共生矩阵中远离对角线的元素值越大，对比度越大，其计算公式如下：

$$\mathrm{CON} = \sum_{i=1}^{n}\sum_{j=1}^{n} P(i,j) \times (i-j)^2 \tag{5-11}$$

(7) 角二阶矩(Second Moment)

角二阶矩也称能量，度量图像灰度分布均匀性。角二阶矩的大小反映了图像中纹理的粗细以及灰度分布的均匀程度。图像纹理粗，角二阶矩值大，反之值小，其计算公式如下：

$$\mathrm{SM} = \sum_{i=1}^{n}\sum_{j=1}^{n} P(i,j)^2 \tag{5-12}$$

(8) 相异性(Dissimilarity)

相异性反映纹理的行列差异，其计算公式如下：

$$\mathrm{DIS} = \sum_{i=1}^{n}\sum_{j=1}^{n} |i-j| P(i,j) \tag{5-13}$$

上述各式中，$P(i,j)$表示灰度联合矩阵中 i 行 j 列的元素，μ 表示 $P(i,j)$的均值，n 为像素的最大值。

5.3.1.3 成像光谱分析方法

基于成像光谱数据的叶片或冠层植物伤害诊断或监测均较多地对整个光谱图像立方体进行分析，如采用图像主成分分析(Principal Component Analysis, PCA)和独立成分分析(Independent Component Analysis, ICA)等方法基于图像主要信息进行监测。

(1) 主成分分析(PCA)

主成分分析(Principal components analysis, PCA)常被称为 $K—T$ 变换，是在均方根误差最小的情况下建立在统计特征基础上的最佳正交线性变换，目的是将多个指标简化为少数几个综合性指标的一种统计分析方法。高光谱遥感可以完整记录地物的波谱曲线，获取连续的波谱信息，因此其波段数可以达到几百乃至上千。但是，在信息量增加的同时，由于相邻波段存在着很高的相关性，导致高光谱数据大量冗余。

主成分分析通过构造原变量的适当组合，以产生一系列互不相关的新变量，从中选出少数几个新变量并使它们含有尽可能多的原变量信息，该方法一方面起到数据降维和数据压缩的作用，同时也可以增大图像的信息量，已经被广泛用于不同的植被遥感数据处理中，包括对宽波段遥感数据和窄波段遥感数据[28]。近年来，国内外众多学者将主成分变换方法用于高光谱图像病虫害识别研究中[29-30]。

(2) 独立成分分析(ICA)

独立成分分析(Independent Component Analysis, ICA)是一种新兴的数据分析与信号处理技术。它属于统计与计算的范畴，其主要目的是从混合信号中分离出独立的源信号。不同于其他信号处理技术，ICA 是一种分离出相互独立且非高斯的源信号[31]：

$$\boldsymbol{X} = \boldsymbol{A}\boldsymbol{S}_i \tag{5-14}$$

其中，$\boldsymbol{X}=(x_1,x_2,\cdots,x_m)^{\mathrm{T}}$ 是混合信号，且每一个分量 x_i 都是 $n\times1$ 的向量。$\boldsymbol{S}=(s_1,s_2,\cdots,s_m)^{\mathrm{T}}$ 是源信号，且每一个分量 s_i 都是 $n\times1$ 的向量。$\boldsymbol{A}$ 是 $m\times m$ 阶的混合矩阵。

在实际问题中，我们仅知道观测信号的信息，而混合矩阵和源信号都是未知的。我们的目的是根据观测信号的基本信息找到一种通用的算法，还原或估计出原始信号，进而发现数据的内部结构特征，找到数据的变化规律。在原始信号的统计独立性的假设下就可以分离出原始信号，若源信号是非高斯的，求解 ICA 的问题则是估计出分离矩阵，使得分离信号在统计意义上相互独立的。

$$\boldsymbol{Y}=\boldsymbol{BX}=\boldsymbol{BAS} \tag{5-15}$$

其中，$\boldsymbol{Y}=(y_1,y_2,\cdots,y_m)^{\mathrm{T}}$，$y_k$ 和 $y_l(k\neq l=1,2,\cdots,m)$是统计独立的，且$\boldsymbol{Y}$ 是$\boldsymbol{S}$ 的估计，当且仅当 $\boldsymbol{B}=\boldsymbol{A}^{-1}$，即 $\hat{\boldsymbol{S}}=\boldsymbol{Y}$。

该方法能够对光谱数据进行空间变换，提取向量在高阶统计上相互独立并且代表某个特征源的信号，对光谱数据进行降维处理，能够对光谱数据进行有效分离，进而提高病情诊断的稳定性和直观效果[32]。

5.3.2　基于非成像光谱的病虫害识别

这一类型的光谱数据主要是通过统计和数据挖掘，如统计判别、关联分析、回归模型等建立光谱特征与病虫害类型、病情程度之间的关系，从而实现对相应病虫害的识别和预测，下面介绍几种常用算法。

(1) BP 神经网络算法

BP 神经网络是人工神经网络的一种形式，是一种模拟人的神经系统建立起来的非线性动力学模型。它主要由模拟的神经元构成，不同数量的神经元通过分层组成多层的模拟神经网络，对数据进行计算和传递，达到建模的目的。

BP 神经网络因其结构相对简单，学习算法清晰，容易理解，所以在当前的研究和应用中最为广泛和深入。BP 神经网络的基本拓扑结构如图 5-6 所示的多层网络，它是利用非线性可微分函数对权重进行训练。该网络模型包括输入层、输出层和隐含层。同一层的多个神经元相互间无链接，相邻层的神经元间相连接，因此每层的节点只能接收它前一层所输出的信息并传输到下一层。

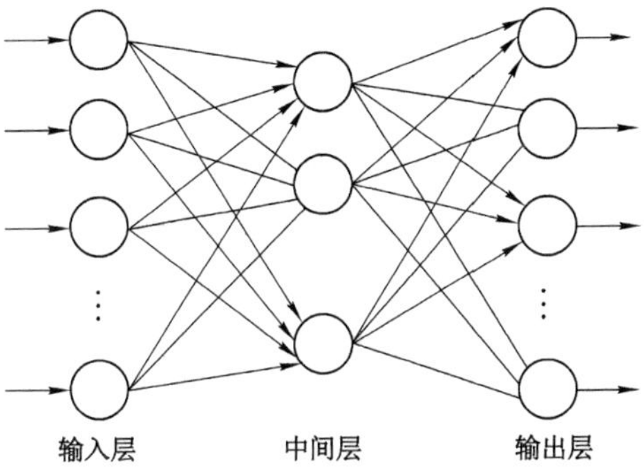

图 5-6　BP 神经网络的基本拓扑结构图

BP 神经网络算法由两部分组成：正向传播和反向传播。正向传播过程中，将选取的训练样本从输入层经中间单元一层一层进行处理，并向后传递。若输出层未得到所预期的输出，就表示存在误差，则开始转入反向传播过程。首先将输出结果的误差沿原来的输入过程时的所经路径一层一层返回，各层根据该层的误差大小来调节修改各层神经元的连接权值，直到与希望输出值的误差小于给定阈值。最后，利用训练结果对图像中的不同地物进行分类[33]。

(2) 决策树算法

决策树算法是一种十分接近离散函数值的算法。其步骤是处理数据,利用归纳算法画出树杈,对生成的数据进行分析,实际上就是通过规则对数据归纳分类。其算法可同时处理连续和分类变量,分类变量生成分类决策树,连续变量生成回归决策树[34]。

CART 分析是 Breiman 于 1984 年提出的一种决策树构建算法,并不断改进。其基本原理是通过对由测试变量和目标变量构成的训练数据集的循环二分形成二叉树形式的决策树结构[35]。

CART 分析在决策树生长过程中,采用经济学领域中的 Gini 系数作为选择最佳测试变量和分割阈值的准则。Gini 系数的数学定义如下:

$$\mathrm{GiniIndex} = 1 - \sum_{j=1}^{J} P^2(j \mid h) \tag{5-16}$$

式中,$P(j \mid h) = \dfrac{n_j(h)}{n(h)}$;$\sum_{j=1}^{J} P(j \mid h) = 1$。

$P(j \mid h)$是从训练样本集中随机抽取一个样本,当某一测试变量值为 h 时属于第 j 类的概率。$n_j(h)$为训练样本中该测试变量值为 h 时属于第 j 类的样本个数。$n(h)$为训练样本中该测试变量值为 h 的样本个数,j 为类别个数[36]。

(3) 支持向量机算法

支持向量机(Support Vector Machine,SVM)是一种基于统计学习理论 VC 维理论和结构风险最小化原理的机器学习方法,是从线性可分情况下的最优分类面发展而来的。对两类数据的分类而言,基本思想就是将输入空间映射到高维内积空间中,以找到一个满足分类要求的最优分类超平面(图 5-7),使得该超平面既能保证数据分类的精度,又能使超平面两侧的分类间隔取到最大。理论上,使用支持向量机的分类方法可以实现对线性可分数据的最优分类。

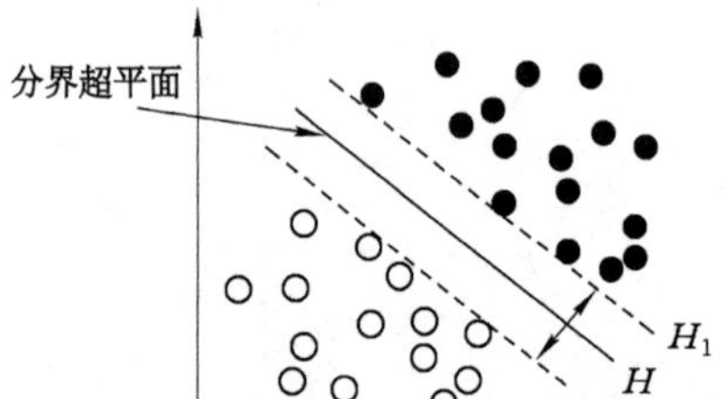

图 5-7 SVM 分界超平面示意图

许多学者通过分析比较得出基于径向基核函数(Radial Basis Function,RBF)的 SVM 在回归估计中的性能优于基于其他核函数的 SVM,因此分类时经常选取 RBF 核函数[37]。最常用的径向基函数是高斯函数,形式为:

$$k(\| x - x_c \|) = \exp\{- \| x - x_c \|^2)/(2\sigma^2)\} \tag{5-17}$$

式中 x_c——函数中心;

σ——函数的宽度参数,控制了函数的径向作用范围。

(4) 相关向量机模型

相关向量机 (Relevance Vector Machine,RVM)是一种稀疏概率模型。由于其优越的学习能力,在回归和分类问题中得到了较好的应用。与支持向量机类似,相关向量机基于核函数映射将低维空间非线性问题转化为高维空间的线性问题。大部分参数在模型的迭代学习过程中趋于零,而非零参数所对应的点被称作相关向量,体现了数据中最核心的特征,对模型的构建做出贡献。

相关研究中利用相关向量机获取病虫害发生的概率,并设定病虫害发生的阈值,具体的形式为[38]:

$$P(t|\lambda) = \prod_{i=1}^{n} \sigma y_i (x_i;\lambda)^{t_i} [1 - \sigma y_i(x_i;\lambda)]^{1-t_i} \tag{5-18}$$

式中　λ——样本的权重向量;

σ——逻辑函数。

若假设 t 等于 1 代表病虫害发生,t 等于 0 代表病虫害不发生,则 P 代表病虫害发生的概率,再设定病虫害发生的概率阈值,如下:如果 $P \geqslant 0.5$,则发生虫害;如果 $P < 0.5$,则不发生虫害。

(5) 最小二乘支持向量机算法

最小二乘支持向量机算法由 SVM 发展而来,是 SVM 在二次损失函数下的一种形式,是一种具有较强学习能力的数据挖掘方法[39]。该方法是在标准支持向量机的基础上引入最小二乘线性系统,用等式约束替代不等式约束,求解过程变成解一组等式方程,并去除松弛变量的限制,避免求解二次问题,加快求解速度[40]。具体算法描述如下。

设二分类问题的训练样本集为:

$$S = \{(x_i, y_i), x_i \in R^n, y_i \in \{-1, +1\}, i = 1,2,\cdots,n\} \tag{5-19}$$

式中　x_i——第 i 个输入样本;

y_i——相对于 x_i 的类别标记;

n——样本的个数。

先通过引入非线性函数把需要分类的样本映射到高维空间,然后在高维空间中构建最优决策函数:

$$f(x) = w^t \varphi(x) + b \tag{5-20}$$

式中　w——权向量;

$\varphi(x_i)$——映射函数;

b——常数。

最小二乘支持向量机算法的优化函数为:

$$\begin{cases} \min \dfrac{1}{2} \| w \|^2 + \dfrac{1}{2} c \sum\limits_{i=1}^{n} \xi^2 \\ \text{s. t}: y_i = \varphi(x_i) \times w + b + \xi_i \end{cases} \tag{5-21}$$

式中　ξ_i——松弛变量;

c——正规化参数。

用拉格朗日法求解此最优化问题:

$$L(w,b,\xi,a,r)=\frac{1}{2}w\times w+c\sum_{i=1}^{n}\xi^{2}-\sum_{i=1}^{n}a_{i}[w\times\varphi(x_{i})+b+\xi_{i}-y_{i}] \tag{5-22}$$

式中　a_i——拉格朗日乘子,定义核函数:

$$K(x_i,y_i)=\varphi(x_i)\times\varphi(x_j) \tag{5-23}$$

将前面提出的优化问题转成求解线性方程,最后得到最小二乘支持向量机函数模型:

$$f(x)=\sum_{i=1}^{n}a_i K(x,x_i)+b \tag{5-24}$$

式中　a_i——拉格朗日乘子;

$K(x,x_i)$——定义核函数。

5.3.3　作物病虫害程度遥感监测

病情指数(disease index,DI)是常用的量化作物病情严重程度的指标。当作物出现发病迹象时,需要在染病期间不低于7 d测量一次的频率,进行病情指数的田间调查,期间配合地面光谱的测量工作。病情指数的调查规范参考国家标准《小麦冬锈病测报技术规范》(GB/T 15795—2011)。每个样点的调查面积在1 m^2 左右,地面光谱数据和病情指数调查数据要相结合,不然观测到的光谱数据不能有效反映对应地面的作物病情指数信息。调查方法采取五点调查法,病害严重程度分为9个等级:0%、0%~1%、1%~10%、10%~20%、20%~30%、30%~45%、45%~60%、60%~80%、80%~100%(由叶片病斑面积占整个叶片面积的百分比决定),病情指数公式如下[41-42]:

$$\mathrm{DI}(\%)=\frac{\sum(xf)}{n\sum f}\times 100 \tag{5-25}$$

式中　x——各梯度的级值;

f——各梯度的叶片数;

n——最高梯度值为9。

作物病虫害程度可以分为健康、轻、中、重四个等级,选用病情指数与各监测因子进行回归分析,获取病情级数估测模型,进而获取各种危害程度的虫害信息。

5.3.3.1　回归分析法

回归分析法是利用数理统计方法建立因变量与自变量之间的回归关系函数表达式(称回归方程式)。回归分析中,当研究的因果关系只涉及因变量和一个自变量时,叫做一元回归分析。当研究的因果关系涉及因变量和两个或两个以上自变量时,叫做多元回归分析。此外,回归分析中,又依据描述自变量与因变量之间因果关系的函数表达式是线性的还是非线性的,分为线性回归分析和非线性回归分析。通常线性回归分析法是最基本的分析方法,遇到非线性回归问题可以借助数学手段转化为线性回归问题处理。回归分析法预测是利用回归分析方法,根据一个或一组自变量的变动情况预测与其有相关关系的某随机变量的未来值。进行回归分析需要建立描述变量间相关关系的回归方程,以下主要介绍多元逐步回归法(Multiple Stepwise Regression,MRS)[9]。

多元逐步回归法是建立最优回归方程的一种多元统计方法。其特点有两个:① 对引入的因子进行检验,显著的引入,不显著的剔除。② 每引入一个新因子,要对前面引入的新因子进行检验,显著者保留,不显著者剔除。如此反复,直到进入方程的因子都显著,未进入方程的因子都不显著为止，就得到了最优回归方程。

在多元逐步回归中，为了便于计算，通常采用标准化的多元线性回归方程模型，其正则方程组为：

$$\begin{pmatrix} 1 & r_{12} & \cdots & r_{1p} \\ r_{21} & 1 & \cdots & r_{2p} \\ \vdots & \vdots & & \vdots \\ r_{p1} & M & \cdots & 1 \end{pmatrix} \begin{pmatrix} b_1^* \\ b_2^* \\ \vdots \\ b_p^* \end{pmatrix} = \begin{pmatrix} r_{1y} \\ r_{2y} \\ \vdots \\ b_p^* \end{pmatrix}$$

即

$$\boldsymbol{R}_{xx}\boldsymbol{b}^* = \boldsymbol{R}_{xy} \tag{5-26}$$

解正则方程组，采用紧凑变换法，增广矩阵为：

$$\boldsymbol{R}^{(0)} = \begin{pmatrix} r_{11}^{(0)} & r_{21}^{(0)} & \cdots & r_{1p}^{(0)} & r_{1y}^{(0)} \\ r_{21}^{(0)} & r_{22}^{(0)} & \cdots & r_{2p}^{(0)} & r_{2y}^{(0)} \\ \vdots & \vdots & & \vdots & \vdots \\ r_{p1}^{(0)} & r_{p2}^{(0)} & \cdots & r_{pp}^{(0)} & r_{py}^{(0)} \\ r_{y1}^{(0)} & r_{y2}^{(0)} & L & r_{yp}^{(0)} & r_{yy}^{(0)} \end{pmatrix} \tag{5-27}$$

其中，$r_{ij}^{(0)}=r_{ij}$，$r_{iy}^{(0)}=r_{iy}$，$r_{yy}^{(0)}=1$，用紧凑变换可方便地将任一个自变量引入和退出回归方程，这正是建立最优回归方程所要求的。

5.3.3.2　偏最小二乘回归(PLS)算法

偏最小二乘回归方法为 1983 年由伍德(S. Wold)和阿巴诺(C. Albano)等首次提出的新型多元回归分析方法。PLS 综合了多元线性回归分析、主成分分析和典型相关分析的基本特点和功能，解决了在多元回归分析中出现的变量多重相关性或者解释变量多于样本点等问题。尤其是当自变量内部之间相关性程度较高时，用此方法可以得到比普通多元回归更为可靠的结论[43]。与最小二乘回归分析及人工神经网络等算法相比，PLS 不仅具有多变量的筛选能力，还可有效克服变量间的多重相关性，对变量具备较好的解释和应用能力[44]。

PLS 拥有不直接考虑因变量和自变量来进行回归建模的能力，它采用成分提取的方法重新综合筛选变量中的系统信息，从中选出对变量系统具备最好诠释能力的新变量。然后建立新组成变量和原来因变量的多元回归关系，最终总结出原变量的回归方程。

假设有 q 因变量$\{y_1, y_2, \cdots, y_q\}$以及 p 自变量$\{x_1, x_2, \cdots, x_p\}$。在测量样本点数 n 后，组合成自变量 X 和因变量 Y 的数据表，PLS 分别在 X 中提取成分 t_1 以及 y 中提取成分 u_1 $\{x_1, x_2, \cdots, x_p\}$线性组合成 t_1，$\{y_1, y_2, \cdots, y_q\}$线性组合成 u_1。需要注意的是，在提取 t_1、u_1 成分时，务必达到以下两个要求：

(1) t_1 和 u_1 应尽量表达各自数据表中的变化信息；

(2) t_1 和 u_1 的相关程度达到最大。

假如模型满足上面提到的两个要求，那么 t_1 和 u_1 就最大限度地包括 X 和 Y 的信息，与此同时自变量成 t_1 又很好地解释了因变量成分 u_1。

提取第一个成分 t_1 和 u_1 后，PLS 将分别进行 X，Y 对 t_1 和 u_1 的回归。如果回归方程的结果误差在预设的精度范围内，那么停止算法；否则将利用残余信息实时第二次的成分提取，直到误差范围足够小为止。若对 X 共提取了 m 个成分$\{t_1, t_2, \cdots, t_m\}$，PLS 将通过施行

$y_j(j=1,2,\cdots,q)$，对 $t_1,t_2,\cdots,t_m$ 的回归表达成 y_f 关于 $\{x_1,x_2,\cdots,x_p\}$ 的回归方程。

5.3.3.3 Fisher 判别法

Fisher 判别法是 1936 年提出的，该方法对总体的分布特征没有特定要求，属于线性判别方法。其特点是将高维数据点投影到低维空间(如一维直线)上，这样数据点就可以变得比较密集[45]。其基本思想是将 k 组 p 维数据投影到某个方向，使训练样本的投影在组间尽可能分开而组内尽可能聚合。其判别函数中各变量按照类内方差尽量小、类间方差尽量大的准则确定其系数，然后依据判别函数来预测待判样本的分类[46]。

(1) Fisher 判别法判别函数

设有 K 个总体 $G_1,G_2,G_3,\cdots,G_k(i=1,2,\cdots,k)$，从总体 G_i 中抽取容量为 n_i 的样本，

$$X_\alpha^{(i)} = (x_{\alpha1}^{(i)},x_{\alpha2}^{(i)},\cdots,x_{\alpha p}^{(i)}) \tag{5-28}$$

假设所建立的判别函数为：

$$y(x) = c_1x_1 + c_2x_2 + \cdots + c_px_p = c^{\mathrm{T}}X \tag{5-29}$$

式中，$c=(c_1,c_2,\cdots,c_p)^{\mathrm{T}}$；$X=(x_1,x_2,\cdots,x_p)^{\mathrm{T}}$；$p$ 为样本变量的观测个数。

在总体类别大于 2 时，Fisher 判别模型的准则是要选取合适的向量系数 c，使

$$\lambda = \sum_{i=1}^{k} n_i\,(\bar{y}^{(i)} - \bar{y})^2 \Big/ \sum_{i=1}^{k}(n_i - 1)\sigma_i^2 \tag{5-30}$$

达到最大。其中 $\bar{y}^{(i)}$ 为样本均值，σ_i^2 为样本方差，$\bar{y}=c^{\mathrm{T}}\bar{x}$。

根据极值存在条件，必定存在非零特征根数 m 不超过 $\min(k-1,p)$，于是可构造 m 个判别函数 c：

$$y(x) = c^{(l)\mathrm{T}}x \quad [\,l = (1,2,\cdots,m)] \tag{5-31}$$

用 $\lambda_1,\lambda_2,\cdots,\lambda_m(\lambda_1\geqslant\lambda_2\geqslant\cdots\geqslant\lambda_m>0)$ 表示全部非零的特征根，$l_1,l_2,\cdots,l_m$ 为相应的特征向量。

(2) 判别准则

假设把总体分成 p 类，若 $|y_p-\bar{y}_1|\leqslant|y_p-\bar{y}_q|$，$[(p,q=1,2,\cdots,m),q\neq1]$，则 y_p 属于第 1 类。

5.3.4 其他技术方法

(1) 荧光技术

荧光技术在诊断植物病害损伤时主要是利用叶绿素的自发荧光效应，即在受紫外线照射后由于电子跃迁返回基态时发出的红色荧光。植物在不同的生长阶段或受到胁迫时通常会伴随叶绿体光合效率的改变，从而使这种改变能被荧光探测手段所感知[47]。研究表明，荧光技术不仅能进行叶片水平的探测，还可进行冠层水平的探测。同时，基于荧光技术的病害监测也不局限于室内检测的范围，如荧光探测系统安装在车载平台上进行小麦病害的实时探测[48]。

(2) 热红外遥感技术

利用热红外图像获取地表温度和土壤湿度等参数的空间信息，可以在一定程度上反映植物在受病害侵染后微生物环境的弱变化。L. Chaerle 等研究发现，利用热红外成像技术能够探测到植物在受到病害胁迫后发生的气孔改变[49]。在很多情况下，甚至这种探测信息早于病害症状开始显症初期阶段，因此，对于作物病害监测具有一定的预测能力。E. C.

Oerke 等研究发现，利用热红外图像能够较早期的识别黄瓜的霜霉病[50]。

(3)"3S"技术

"3S"技术具有快速、实时、精准、连续、动态获取空间信息以及超强的分析能力，使其在作物病虫害监测与预警研究中起到举足轻重的作用。因此，国内外大量学者、企业和科研单位借助"3S"先进技术，开展了一系列有害生物监测与预测预报应用研究。随着"3S"技术的不断发展，在农业病虫害监控领域内的应用范围和深度将得到不断地拓展和深入。

此外，专家系统是运用计算机技术和人工智能技术，在某一领域内对一个或多个专家提供的技能、知识和经验，分析、推理和判断，模拟专家的决策过程，是一个拥有大量的专业知识和经验的程序系统[51]。它能够对农作物在同一时期不同环境条件下出现的各种症状进行诊断，并分析其可能出现的病虫害，提出相应的防治方案。

3S 技术通过与专家系统结合，能够即时反映病虫害的发生动态，并能反映专家系统对其的预测性，对病虫害发生的动态能够准确描述，从而使监测结果更生动、直观且接近实际，建立动态数据库，可以对各地区病虫害监测的数据库进行及时更新，同时系统的共享性问题得到有效解决，极大提高了工作效率[52]。

5.4　本章小结

本章介绍了作物病虫害遥感监测机理、作物病虫害光谱特征提取、作物病虫害类型诊断和病虫害程度估算常用方法等。利用遥感技术开展设施作物病虫害早期预防与监测，开发便捷、智能的设施作物病虫害信息检索与辅助诊断系统是目前设施农业的发展方向。

参考文献

[1] 刘述彬，刘洋. 农作物病虫害遥感预测的可行性初探[J]. 黑龙江农业科学，1999(6)：31-32.

[2] WULDER M A, WHITE J C, COGGINS S, et al. Digital high spatial resolution aerial imagery to support forest health monitoring: the mountain pine beetle context[J]. Journal of Applied Remote Sensing, 2012, 6(3):325-336.

[3] CHRYSOPOLITOU, APOSTOLAKIS, KEMITZOGLOU, et al. Studies on forest health and vegetation changes in Greece under the; effects of climate changes[J]. Biodiversity & Conservation, 2013, 22(5):1133-1150.

[4] 刘清旺，武红敢，石进，等. 基于 TM 影像的森林病虫灾害遥感监测系统[J]. 遥感信息，2007(2):46-49.

[5] 亓兴兰. SPOT-5 遥感影像马尾松毛虫害信息提取技术研究[D]. 福州：福建农林大学，2011.

[6] 张永强. 玉米受玉米弯孢菌叶斑病和亚洲玉米螟为害后的冠层光谱特征和产量损失研究[D]. 北京：中国农业科学院，2007.

[7] 张竞成. 多源遥感数据小麦病害信息提取方法研究[D]. 杭州：浙江大学，2012.

[8] 陈兵.棉花黄萎病高光谱特征及其光谱诊断模型研究[D].石河子:石河子大学,2007.
[9] 黄文江.作物病虫害遥感监测与预测[M].北京:科学出版社,2015.
[10] YANG C M,CHENG C H, CHEN R K. Changes in Spectral Characteristics of Rice Canopy Infested with Brown Planthopper and Leaffolder[J]. Crop Science, 2007, 47(1):329-335.
[11] NAIDU R A, PETERS E M, PIERCE F J, et al. The potential of spectral reflectance technique for the detection of Grapevine leafroll-associated virus-3 in two red-berried wine grape cultivars[J]. Computers & Electronics in Agriculture, 2009,66(1):38-45.
[12] ZHAO C, HUANG M,HUANG W, et al. Analysis of winter wheat stripe rust characteristic spectrum and establishing of inversion models[J]. IEEE International Geoscience & Remote Sensing Symposium, 2004(1):15-25.
[13] XU H R, YING Y B, FU X P, et al. Near-infrared Spectroscopy in detecting Leaf Miner Damage on Tomato Leaf[J]. Biosystems Engineering, 2007, 96(4):447-454.
[14] HUANG W, LAMB D W, NIU Z, et al. Identification of yellow rust in wheat using in-situ spectral reflectance measurements and airborne hyperspectral imaging[J]. Precision Agriculture, 2007,8(4-5):187-197.
[15] STEDDOM K, HEIDEL G, JONES D, et al. Remote detection of rhizomania in sugar beets[J]. Phytopathology,2003,93(6):720-726.
[16] HUANG W J, HUANG M Y, LIU L Y, et al. Inversion of the severity of winter wheat yellow rust using proper hyper spectral index[J]. Transactions of the CSAE, 2005,21(4):97-103.
[17] DEVADAS R, LAMB D W, SIMPFENDORFER S, et al. Evaluating ten spectral vegetation indices for identifying rust infection in individual wheat leaves[J]. Precision Agriculture, 2009, 10(6):459-470.
[18] JORDAN C F. Derivation of leaf area index from quality of light on the forest floor[J]. Ecology, 1969, 50(4):663-666.
[19] RICHARDSON A J, WIEGAND C L. Distinguishing vegetation from soil background information[J]. Photogrammetric Engineering and Remote Sensing, 1977, 43(12):1541-1552.
[20] KAUTH R J, THOMASG S. The tasselled cap- a graphic description of the spectra-temporal development of agriculture crops as seen by Landsat. ProsSymposium on Machine Processing of Remotely Sensed Data[J]. Purdue University, West Lafayette,Indiana, 1976:41-51.
[21] PINTY B, VERSTRAETE M M. GEMI: A Non-Linear Index to Monitor Global Vegetation from Satellites[J]. Vegetatio, 1992, 101(1):15-20.
[22] Jackson R D. Spectral indices in n-space[J]. Remote Sensing of Environment, 1983(13):409-421.
[23] 傅坤亚,张文宇,曹宏鑫,等.基于光谱的作物病虫害监测研究进展[J].中国农业科技

导报,2014,16(5):90-98.

[24] STEHMAN S V. Use of auxiliary data to improve the precision of estimators of thematic map accuracy[J]. Remote Sensing of Environment, 1996, 58(58):169-176.

[25] BRUZZONE, CONESE, MASELLI, et al. Multisource classification of complex ruralareas by \ statistical and neural-network approaches[J]. Photogrammetric Engineering & Remote Sensing, 1997, 63(5):523-533.

[26] 史忠植. 高级人工智能[M]. 北京:科学出版社,2011.

[27] RYHERD S, WOODCOCK C. Combining spectral and texture data in the segmentation of remotely sensed images [J]. Photogrammetric Engineering & Remote Sensing,1996, 62(2):181-194.

[28] 黄敬峰,王福民,王秀珍. 水稻高光谱遥感试验研究[M]. 杭州:浙江大学出版社,2010.

[29] CHENG X, CHEN Y. R, TAO Y, et al. A novel integrated PCA and FLD method on hyperspectral image feature extraction for cucumber chilling damage inspection [J]. Transactions of the ASAE, 2004,47 (4): 1313-1320.

[30] LI Q, WANG M, GU W. Computer vision based system for apple surface defect detection[J]. Computers and Electronics in Agriculture, 2002,36 (2): 215-223.

[31] HYVÄRINEN. A Topographic Independent Component Analysis[M]. [s. l.]: [s. n.],2001.

[32] 杜世州. 基于多源数据小麦白粉病遥感监测研究[D]. 合肥:安徽农业大学,2013.

[33] 吴琼. 基于遥感图像的松材线虫病区域检测算法研究[D]. 合肥:安徽大学,2013.

[34] 孙建召. 基于决策树 CART 算法的镍金属价格预测研究[J]. 世界有色金属,2016(9):76-77.

[35] 赵萍,傅云飞,郑刘根,等. 基于分类回归树分析的遥感影像土地利用/覆被分类研究[J]. 遥感学报,2005,9(6):708-716.

[36] 马慧琴. 基于多源数据的小麦白粉病遥感监测与预测模型研究[D]. 南京:南京信息工程大学,2017.

[37] 谢巧云,黄文江,蔡淑红,等. 冬小麦叶面积指数遥感反演方法比较研究[J]. 光谱学与光谱分析,2014(5):1352-1356.

[38] 唐翠翠. 基于多源遥感数据的小麦病虫害大尺度监测预测研究[D]. 合肥:安徽大学,2016.

[39] 吴问天. 基于改进最小二乘支持向量机的小麦病虫害遥感监测研究[D]. 合肥:安徽大学,2017.

[40] SUYKENS J A K, VANDEWALLE J. Least Squares Support Vector Machine lassifiers[M]. Dordrecht:Kluwer Academic Publishers, 1999.

[41] 王静. 多源遥感数据的小麦病害预测监测研究[D]. 南京:南京信息工程大学,2015.

[42] 黄木易,王纪华,黄文江,等. 冬小麦条锈病的光谱特征及遥感监测[J]. 农业工程学报,2003,19(6):152-156.

[43] 吴琼,原忠虎,王晓宁. 基于偏最小二乘回归分析综述[J]. 沈阳大学学报(自然科学版),2007,19(2):33-35.

[44] 王惠文.偏最小二乘回归的线性与非线性方法[M].北京:国防工业出版社,2006.
[45] 杨国鹏,余旭初,陈伟,等.基于核 Fisher 判别分析的高光谱遥感影像分类[J].遥感学报,2008,12(4):579-585.
[46] 田野.棉花病虫害光谱识别及遥感监测研究[D].泰安:山东农业大学,2016.
[47] NEDBAL L, JULIE SOUKUPOVÁ, KAFTAN D, et al. Kinetic imaging of chlorophyll fluorescence using modulated light[J]. Photosynthesis Research, 2000, 66(1-2):3-12.
[48] MOSHOU D, BRAVO C, OBERTI R, et al. Plant disease detection based on data fusion of hyper-spectral and multi-spectral fluorescence imaging using Kohonen maps[J]. Real-Time Imaging, 2005, 11(2):75-83.
[49] CHAERLE L, HULSEN K, HERMANS C, et al. Robotized time-lapse imaging to assess in-planta uptake of phenylurea herbicides and their microbial degradation[J]. Physiologia Plantarum, 2010, 118(4):613-619.
[50] OERKE E C. Crop losses to pests[J]. Journal of Agricultural Science, 2006, 144(1):31-43.
[51] 魏葆春.人工智能的现状与未来的发展方向[J].边疆经济与文化,2010(12):57-58.
[52] 周龄.3S 技术在赤峰市农业病虫害防治中的应用[J].赤峰学院学报(自然版),2015(1):78-80.

第 6 章　土壤墒情遥感监测原理与方法

墒是指土壤适宜植物生长发育的湿度，墒情指土壤湿度的情况。土壤墒情是最重要和最常用的土壤信息，可用土壤湿度来表示。土壤湿度是土壤的干湿程度，即土壤的实际含水量，可以用土壤质量含水量和土壤体积含水量来表示。一般意义上的土壤含水量即土壤质量含水量，是指土壤水分占烘干土质量的百分数（土壤含水量＝水分质量/烘干土质量×100%），土壤体积含水量是指土壤中水分占有的体积和土壤总体积的比值。

土壤水分是联系地表水和地下水的重要纽带，参与岩石圈—生物圈—大气圈—土壤圈—水圈的水分大循环，强烈影响着地球陆地与大气的能量和水分交换，影响着陆表蒸散、区域及全球气象变化过程，区域范围和全球尺度上土壤水分成为全球水循环规律、流域水文模型、农作物生长监测和旱情监测等重要参数。土壤水分是植物吸收水分的主要来源，是农作物生长发育的基本条件，也是精准农业中非常关键的重要参数。因此土壤墒情的准确快捷监测一直是人们关注的重要问题，也是一项十分重要且有意义的工作。

传统土壤水分实地测量方法采样速度较慢，单点测量，数据缺乏实时性和动态性，无法反映土壤水分在时间尺度上的变化以及空间范围内不同地表覆盖下的差异性，因此限制了它的应用范围。遥感技术可以迅速、大面积、多时相地获得地面信息，利用遥感可以大面积、连续地监测空间范围内土壤含水量的动态变化。土壤墒情的遥感监测实际上是利用遥感手段对土壤含水量的信息进行监测，本章内容旨在整体介绍现有的土壤水分遥感监测的原理与方法。

6.1　土壤墒情遥感监测机理

任何物体（如地表物质）对外来的电磁波都有反射、吸收和透射作用，同时，任何物体只要温度高于绝对零度，它就会不断地向外发射电磁波。不同物体的反射、吸收、透射及发射电磁波的能力不尽相同，地表土壤水、植被等反射、吸收、透射和发射电磁波的特征存在差异，利用差异可探测和区别目标物。不同的地物反射光谱特征不尽相同，主要表现在反射强度和波谱曲线两个方面，这正是遥感技术利用地物反射电磁波信息来识别和区分目标的基础。遥感方法监测土壤水分的基础是获取地表电磁波信号，利用电磁波信号来识别地表土壤水分状况。

6.1.1　基于土壤反射信息的墒情监测

可见光—近红外波段（主要集中在 350～2 500 nm）是太阳发射的电磁波中以反射太阳辐射为主的波段，该波段区间的土壤水分遥感主要是从土壤反射率信息中提取土壤含水量信息。土壤反射信息基本反映了土壤表面整体的状态，这是因为土壤反射率不仅受土壤含水量、粗糙度、有机碳、矿物质、土壤颜色等土壤因子的影响，而且还受观测角度、太阳入射角、天气状况等一些环境因子的影响。在进行土壤水分信息反演时，不仅需要对土壤水分等土壤因子有更深入的理解，同时也要对土壤反射率有更深刻的认识。

土壤中水分通常以三种形式存在：一是结合水，主要存在于土壤中的矿物质晶格中（如 $CaSO_4 \cdot 4H_2O$ 等）；二是吸附水，主要吸附在土壤颗粒的表面，并形成一定厚度的水膜；三是自由水，也叫孔隙水，存在于土壤颗粒之间的孔隙之中。土壤光谱特征中土壤水分的贡献主要体现在水中羟基（—OH）团的振动导致的各个波段的土壤反射率的差异。每种形式水分中的羟基集团振动形式也不同，每一个波段的光谱反射率是三种形式水分的羟基集团振动的综合表现，最终导致对土壤光谱的影响不同。由图中可以看出，羟基对光谱的振动响应波段主要集中在 1 400 nm 和 1 900 nm 处，而在 1 200 nm、1 770 nm 和 2 200 nm 波段处也表现出较明显的吸收特征，这些波段常用来作为反映土壤水分的重要特征波段。

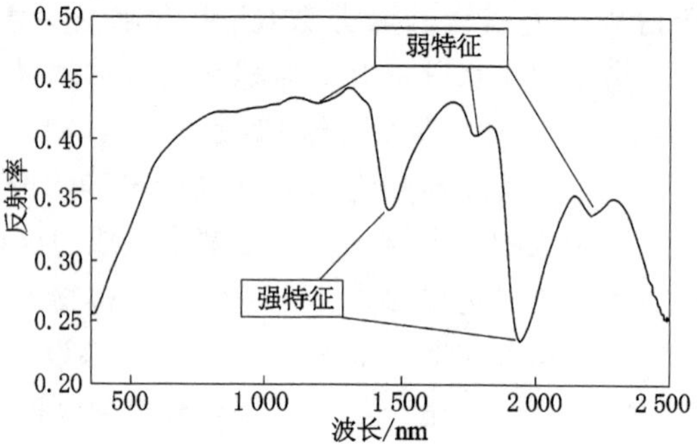

图 6-1　典型土壤的光谱反射率特征

一般而言，随着含水量的增加，土壤反射率降低，光谱曲线将呈现近于平行的下降，但有学者认为存在一个临界的土壤含水量值（接近田间持水量临界值）[1-2]。当土壤含水量不超过该临界值，土壤反射率系数随着土壤含水量的增加而降低，当土壤含水量超过该临界值，土壤反射系数则随着土壤含水量的增加而增高，甚至会出现镜面反射现象，而且不同类型的土壤临界值不同[3]。田国良等也发现，土壤含水量大于 5%时，土壤含水量的继续增加会导致光谱反射率呈指数下降，关系如下[4]：

$$R = a\mathrm{e}^{bp} \tag{6-1}$$

式中　R——光谱反射率；

p——土壤含水量；

a,b——待定系数。

以东北地区黑土为例，已经测得黑土土壤田间持水率为 38.6%。由图 6-2 可以看出，在低于田间持水量时，黑土土壤光谱反射率随着土壤含水量的增加而降低，当高于田间持水量时，黑土土壤光谱反射率随着土壤含水量的增加而增加。以田间持水量为界，虽然两种含水量的光谱变换趋势相反，就整体而言，仍然是含水量低的土壤光谱反射率高于含水量高的土壤光谱反射率。

6.1.2　基于土壤发射信息的墒情监测

由表 6-1 可以看出，由于地物在可见—近红外波段几乎不向外辐射电磁波，所以探测地物在该波段的信息时，只能借助于太阳光，探测太阳光在地物上的该波段反射光谱来识别地

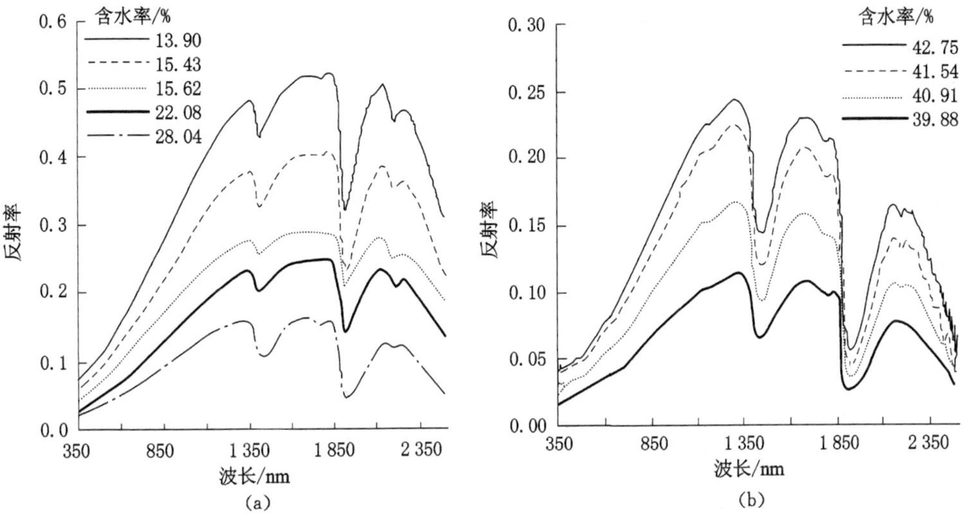

图 6-2　不同含水量土壤光谱特征[5]

物。在大于 2 500 nm 的波段，地物基本以向外发射电磁波为主，释放自身能量，这些辐射能量一部分来源于反射太阳辐射，一部分来源于自身发射辐射。在自然界中，任何温度大于绝对零度的物体都会向外发射电磁波，以电磁波的形式不停地向外传送能量。

根据发射光谱的波长大小，将常用的波段分为两个部分：一个是波长介于 2.5 μm～1 mm之间的红外辐射波段，一个是波长介于 1 mm～1 m 的微波辐射波段。任何物体在向外发射红外辐射的同时也发射微波辐射，这两种辐射都可以通过特定的仪器获取，因此可以通过这两种方法监测土壤水分。

表 6-1　　地物在不同波段的辐射特性

波段名称	可见—近红外	中红外	远红外	微波
波长	0.3～2.5 μm	2.5～6 μm	6～1 000 μm	1～1 000 mm
辐射特性	地物以反射太阳辐射为主	反射太阳辐射和自身热辐射共同作用	地物辐射以自身热辐射为主	地物辐射以自身辐射为主

6.1.2.1　土壤墒情热红外遥感

热红外波段是红外波段中以自身热辐射为主的波段，地物热辐射不仅与物体的表面状态有关，而且还是物体内部组成和温度的函数。在传感器接收地物热辐射的过程中，大部分辐射信号都被大气层水汽所吸收，只能通过 3～5 μm 和 8～14 μm 这两个大气窗口进行传输，这也是大多数传感器设计波段范围的主要原因[6-7]。热红外波段的土壤水分遥感，就是利用红外传感器远程监测土壤的红外辐射特性，记录土壤的热红外信息，并借助于这些信息来确定土壤参数（如温度、湿度和热惯量等）的遥感技术。简而言之，热红外土壤水分遥感就是确定土壤温度和发射率，以及与土壤水分之间的关系并加以应用。

热红外根据不同的研究方法可以分为热惯量法、热红外法、温度植被指数法三种。

（1）热惯量法

地物吸收太阳辐射能量然后又以一定的波长发射出来，这一现象可以用热惯量来理解。热惯量是物体阻碍自身热量变化的物理量，在土壤研究中非常重要。热红外传感器接收物体的热量变化而得到物体的热惯量，根据不同的热惯量特性对物体进行研究。土壤热惯量是土壤的一种热特性，它是引起土壤表层温度变化的内在因素，与土壤含水量有密切的相关关系，同时又控制着土壤温度日较差的大小，而土壤温度日较差可以由卫星遥感资料获得，使得热惯量法研究土壤湿度成为可能。热惯量法是直接从土壤热特性出发，物理意义较明确，一般是建立在统计学基础上的，对土壤水分含量的估算精度较高，而且简便易行。但是也有一定的局限性，比如，只适用于裸露或者植被覆盖度较低的土壤，对应的卫星资料在晴空无云的天气下获取等。

(2) 热红外法

热红外法是基于土壤温度或者土壤发射率而间接反演土壤水分，土壤中水分的比热大，受热后温度变化得比较慢，所以土壤温度一定程度上间接反映了土壤含水量。土壤发射率在不同水分状态会表现出很大程度上的不同，可以根据土壤发射率的变化判断土壤含水量的状态。所以，热红外可以从温度和发射率两个方面反演土壤水分，一般也只适用于裸地或者植被覆盖较少的区域。热红外所探测到的辐射能量主要是由地物温度和发射率两部分决定，而这两部分都与地物中的含水量有关。通过某些算法可以分离温度和发射率，从而得到地物温度和发射率，分离方法主要有：参考通道法(REF)、发射率归一法(NEM)、阿尔法剩余法(ADE)、平均—最小最大发射率差法(MMD)、光谱平滑迭代法(ISSTES)等。温度和发射率分离后，可以分别通过土壤温度和发射率识别土壤湿度信息。

① 温度——地表温度是土壤自身特性、土地覆盖、土壤蒸发和气候因子等综合因素的函数。土壤表面潮湿的时候，蒸发是控制地表温度的主要因子，所以可以通过温度来识别土壤湿度。刘志明等利用地表温度日变化来反映土壤水分信息，通过监测 22 个常规气象站 2 a. m. 和 2 p. m. 时的地表温度信息近似为一天内的温度最小值和最大值，并且计算每天的温差，发现日温差和最大温度都与土壤水分信息有较好的相关性[8]。该方法用于 NOAA 卫星数据时，对表层 10 cm 土壤水分的定量探测得到了较好的效果，可以用于大范围的土壤水分监测。

② 发射率——热红外光谱数据也是许多连续光谱波段，为地物目标提供了非常丰富的发射信息。图 6-3 提供了不同土壤含水量的土壤发射光谱。可以看出，不同含水量土壤的发射光谱在 8～9.5 μm 之间有明显的区别，土壤热红外发射率随着土壤含水量的增加有不同程度的增加，这是由于土壤水分在该波段范围内有较高的吸收系数和发射率，土壤水分的增加必然导致土壤发射率的增加。在 9.5～11 μm 波段上，土壤光谱呈单调递增的趋势，而且与土壤含水量并无明显的对应关系。在 11～14 μm 波段上，土壤光谱随着土壤含水量的增加有不同程度的减小，且在 12.7 μm 波段附近有一个较明显的吸收谷，吸收深度也是随着土壤水分的增加而增加的。8～9.5 μm 和 11～14 μm 这两个波段区间是对土壤水分含量变化响应比较敏感的区间，可以作为土壤含水量反演的主要波段。

(3) 温度植被指数法

以上两种方法都是适用于裸地或者植被覆盖度较低的土壤，而对于植被覆盖度较高的土壤需要其他更合适的方法。土壤水分影响着地表温度和地表植被水分含量的变化，在高植被覆盖情况下，可以借助于地表温度和植被含水量来间接监测土壤含水量。I. Sandholt

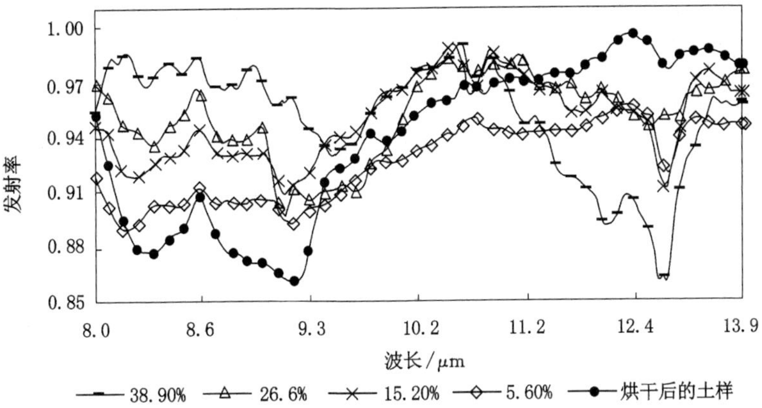

图 6-3　不同土壤含水量的发射率曲线[9]

等基于植被指数和地表温度的关系，提出了估测土壤表层水分状况的干旱指数，即温度植被指数法(temperature vegetation dryness index，TVDI)[10]。

$$\mathrm{TVDI}=\frac{T_{\mathrm{S}}-T_{\mathrm{Smin}}}{T_{\mathrm{Smax}}-T_{\mathrm{Smin}}}=\frac{T_{\mathrm{S}}-T_{\mathrm{Smin}}}{a+b\times\mathrm{NDVI}-T_{\mathrm{Smin}}} \tag{6-2}$$

式中　T_{Smin}——地表温度的最小值，即湿边对应的温度值；

T_{S}——观测的地表温度；

NDVI——观测的归一化植被指数；

a,b——确定干边模型的参数($T_{\mathrm{Smax}}=a+b\times\mathrm{NDVI}$)；

T_{Smax}——地表观测的最大温度值。

参数 a 和 b 的估算需要选择多个代表性的区域，这些区域中土壤相对含水量能够从 0 到 100%，植被覆盖也能从裸地到全部覆盖。I. Sandholt 还认为 TS/NDVI 特征空间应该如图 6-4 所示，温度植被指数就是依据归一化植被指数(NDVI)和陆地表面温度(LST)构建的特征空间计算出来的。

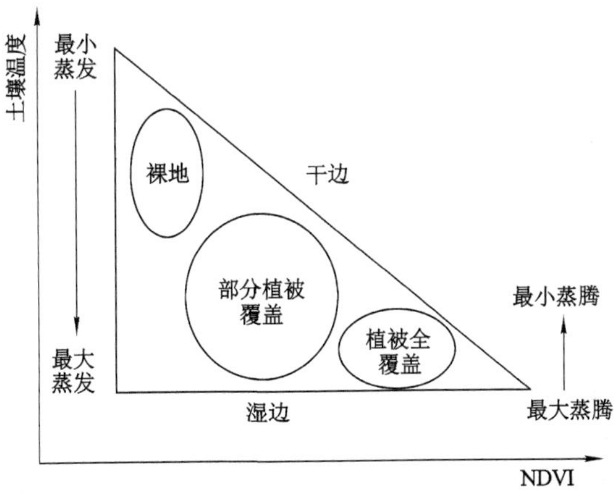

图 6-4　简单化的 TS/NDVI 特征空间

利用 TVDI 模型反演研究区土壤含水量时，模型中的相关参数可以直接通过遥感影像数据处理而获得，计算方法和过程都相对简单而且精度较高，比较容易实现。但是，该方法计算土壤相对湿度时受植被覆盖度和土壤其他因素的影响比较大，也有一定的局限性。

6.1.2.2 土壤墒情微波遥感

以发射信息为主的波段除了热红外波段，还有波长大于 1 mm 的微波波段。波长越大，能量越小，所以微波的能量更小，其对应的微波探测器的分辨率更粗糙。主动微波遥感是人为向地物目标发射高能量的微波并接收其回波信息，可以提高其分辨率。被动微波遥感常用合成孔径雷达，增大接收信号的范围，从而达到提高分辨率的目的。

(1) 主动微波遥感

主动微波遥感器向目标物发射电磁波，依靠接收机接收到的目标的反射回波信号来对目标物性质与状态进行判断，回波信号的强弱用后向散射系数来表示。当传感器参数固定时，在主动微波与地表相互作用过程中，后向散射系数与土壤水分密切相关。同时，土壤的表面粗糙度、植被覆盖状况等因素也会对后向散射系数产生影响，是影响土壤水分信息准确获取的因素。雷达观测地表得到的后向散射系数可以表示为：

$$\sigma^0 = f(\lambda, \theta, p, Mv, Veg, Sr) \tag{6-3}$$

上式中前 3 项 λ, θ, p 为传感器参数，分别为波长、入射角、极化状态；后 3 项 Mv, Veg, Sr 为地表参数，分别对应土壤水分、植被参数以及粗糙度参数。

因此，利用主动微波遥感监测土壤水分就是寻找雷达后向散射与土壤水分、植被参数以及粗糙度参数的关系。研究者通过消除或确定植被覆盖、地表粗糙度等的影响，得到土壤水分信息。下面简要叙述。

对于地表粗糙度的影响，F. T. Ulaby 等利用不同频率的雷达，在不同入射角情况下对平滑、中等粗糙、极粗糙三种粗糙程度的农田进行观测实验，发现随着雷达的频率、入射角的不同而改变，地表粗糙程度对雷达后向散射具有较明显的影响[11]。当地表为裸地，短时间内地表粗糙度变化不大，此时，一定波长、固定入射角和极化方式的雷达后向散射系数值基本仅与土壤水分的变化相关[12-14]。很多研究者基于此方法估算了不同地理状况的土壤水分[11]。

$$\sigma^0 = A + Bm \tag{6-4}$$

当地表情况复杂，需要去除粗糙度的影响。因此，考虑通过对多频率、多极化、多入射角雷达数据的综合处理来达到去除粗糙度影响的目的。目前，这方面的监测土壤水分模型主要有：Oh 模型[15-16]、Dubois 模型[17]、Shi 模型[18]。此外，还有科学家利用多角度雷达数据的经验算法来估算土壤水分，如 M. Zribi 等利用 SIR-C、RADARSAT 以及直升机搭载的雷达传感器(ERASME)，结合地表实测数据，提出一种基于不同角度(23°与 39°)后向散射值估算地表粗糙度的估算土壤水分方法[19]。

植被覆盖对估算土壤水分的影响程度，取决于植被层在后向散射中所占贡献的大小。随着植被层致密度、高度、含水量的提高，雷达后向散射中来自于植被层的信号比例也将逐步提高，相比之下来自于土壤的信息则逐步减弱，这将导致土壤水分信息的提取变得更加困难。因此，如何更加准确地估算植被层的后向散射以及植被层对地表散射的影响程度是去除植被影响和获取土壤水分信息的关键。目前，针对这一复杂问题，普遍采用辐射传输理论来解决，建立了各种植被辐射传输模型。如水—云模型[20]、MIMICS 模型[21]、M. A. Karam

模型[22]、植被 3-D 模型[23]等。

主动微波遥感监测土壤水分，结果精度较高，且可以全天候使用，成为监测水分最灵活、最适用、最有效的方法，但其成本较高。随着一系列携带主动微波传感器的卫星（ERS 系列、EOS-SAR、RADARSAT1-2、ENVISAT/ASAR、ADEOS、TRMM 等）的发射升空，以及美国奋进号航天飞机的多次飞行试验，获得大量的雷达图像及数据的应用，使微波遥感的成本不断下降，逐渐被应用于实践。

（2）被动微波遥感

在被动微波遥感中，微波天线接收的信号是地物向外辐射的能量，基本原理与热红外遥感类似。只有黑体的辐射能量强度可以由普朗克定律给出，实际物体的辐射能量与其自身的性质（主要指复相对介电常数）和物体表面状态、辐射的频率、极化方式和传播方向等因素有关。入射辐射在粗糙土壤表面会经历散射过程，落入相邻土壤颗粒或土壤顶点之间的光子将再次反射，使总的辐射能量降低，降低的程度取决于土壤的粗糙度。植被自身具有一定的含水量，植被冠层越厚，内部的散射越复杂，对入射辐射的干扰就越大。因此，在辐射计接收微波信号时，以土壤粗糙度和植被覆盖为主要介质的干扰最为明显，其他地形、地温、大气等也对辐射信号有一定的影响。被动微波遥感是被动接收地物辐射的能量，而且吸收波段的波长较长，所以被动微波遥感数据的空间分辨率较低，较适合地表大尺度反演。

微波辐射计测量的是地物的辐射特性和实际温度。自然情况下，地物之间的实际温度差别并不大，但是由于不同地物之间有着不同的反射率和发射率，导致了地物间亮度温度的差异。在低频段时（$f < 117$ GHz），对普朗克公式近似，得到 Rayleigh-Jeans 公式的近似[24]：

$$T_B = T_s e_s = T_s(1-R) \tag{6-5}$$

式中　T_B——观测的微波亮度温度；

T_s——辐射层的物理温度；

e_s——光滑表面的微波发射率；

R——地表反射率。

只有黑体的亮度温度等于物理温度，实际物体的亮度温度比物理温度低。

土壤介电特性是微波遥感的重要参数之一，与土壤含水量的关系非常密切，微小的土壤水分变化也都影响土壤介电特性的变化。复介电常数的表达式如下：

$$\varepsilon_\lambda = \varepsilon' - j\varepsilon''_\lambda \tag{6-6}$$

式中　ε'——复介电常数的实部，与电磁波在物体内的传播速度有关；

ε_λ''——复介电常数的虚部，取决于物体的电导率，实际应用中，虚部通常忽略不计。

根据菲涅尔（Fresnel）公式，平滑表面介质均一的裸露地表的微波辐射完全由入射角和土壤介电常数决定，公式如下：

$$\varepsilon = 1 - R_v(\theta) = 1 - R_h(\theta) \tag{6-7}$$

式中　ε——地表发射率；

$R_v(\theta)$——垂直极化方向的反射系数；

$R_h(\theta)$——水平极化方向的反射系数。

土壤含水量与土壤的介电常数相关性非常大，因此可以建立土壤发射率与土壤含水量的关系，从而达到估算土壤含水量的目的。

实际地表并不是光滑的，而且物体的亮度温度依赖于表面粗糙度和波长大小，并随着入射角的变化而变化。如图 6-5 所示，一般情况下，粗糙度随着入射角的增加而减小，表面呈现反射面特性表现出较低的亮度温度。当粗糙度达到一定程度，地表亮度温度与入射角无关，在任何入射角上均呈现粗糙状态[25]。地表粗糙度可以很大程度上影响地物的微波辐射特性，这对于精确反演土壤湿度有很大的影响[11]。

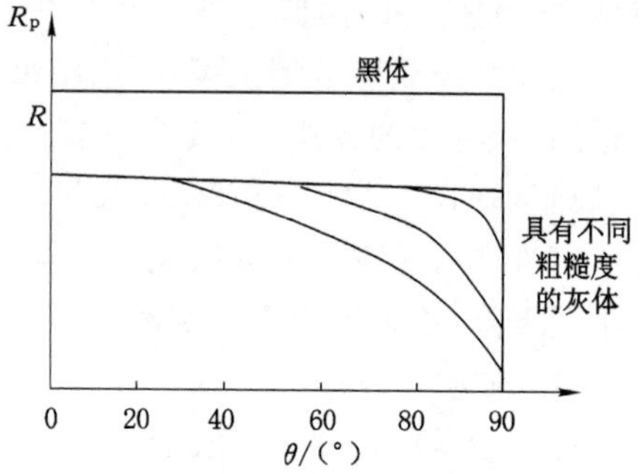

图 6-5　不同粗糙度表面的辐射特性[25]

当有植被覆盖时，土壤的微波辐射被植被层衰减，植被层也有一定量的辐射，当植被密集到一定厚度时可以完全屏蔽地表的辐射信号，所以植被也是影响土壤湿度微波反演精度的重要因素[26]。

被动微波遥感能更好地反映土壤水分状况，空间分比率较低，不受云层、天气等条件的限制。反之，主动微波遥感具有高空间分辨率的特征，却对地表起伏和植被响应较为敏感。因此，主动遥感与被动遥感的融合、微波遥感与光谱遥感的结合已逐渐成为微波遥感的重要研究主题[27-28]。

6.2　土壤墒情遥感监测方法

6.2.1　土壤墒情遥感监测方法

土壤水分是气象学、水文学、生态学和农业科学研究中的重要指标参数之一，也是农业生产管理、生态环境评价和陆面过程模式研究中必不可少的重要因素[29]。土壤水分的精确反演一直是世界性的研究热点和难点。传统的土壤水分监测方法大多数是野外样点实地观测，消耗大量人力物力，而且只能得到一定范围内的点数据。遥感技术的飞速发展使得大面积的土壤水分实时动态监测成为可能，而且传感器技术、计算机技术、图像处理技术和其他相关学科的发展，大大提高了土壤水分遥感监测的精度。土壤水分的遥感监测主要从可见光—近红外、热红外及微波波段进行，土壤水分的红外遥感和微波遥感是当前研究的主要热点。一般热红外波段所感测的是地表温度和植被指数，通过植物的蒸散作用所带来的辐射平衡和热惯量，从而估算表面层以下的土壤水分。微波遥感监测土壤水分是现在应用比较成功的，具有广泛的应用前景[30]。

土壤水分的遥感监测过程中容易受到大气条件、土壤其他属性和地表覆盖等各个方面因素的影响，其中植被覆盖对土壤水分遥感反演影响甚大，所以需要分开来讨论。田国良等设计了两种植被覆盖情况下的土壤水分监测技术路线，对裸地或者低植被覆盖地区采用后向散射系数法和热惯量法对土壤水分进行估算，对中高植被覆盖区从蒸散角度入手，建立作物缺水指数对土壤含水量进行估算[4]。图 6-6 为裸地或低植被覆盖及有植被覆盖两种常见地表状态下的土壤水分遥感反演提供了整体思路框架。

(1) 热惯量法

热惯量是地表温度变化的内在因素，是土壤的一种热特性。由于水分具有较大的热

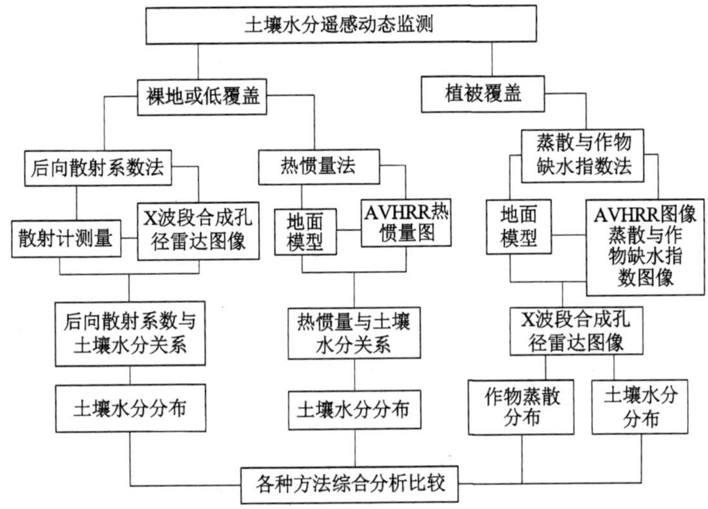

图 6-6　不同地表状态土壤水分遥感的监测流程[19]

容量和热传导率，对于同一类型的土壤，其含水量越高热惯量越大，二者存在正相关关系，因此可以通过遥感数据获取地表温度变化信息监测土壤水分。土壤热惯量法是土壤热特性的综合性参数，是在裸地或者低植被覆盖土地的能量平衡方程基础上提出来的，表达式如下：

$$P = \sqrt{\lambda \rho c} \tag{6-8}$$

式中　P——热惯量，$J/(m^2 \cdot K \cdot s^{1/2})$；

ρ——密度，kg/m^3；

c——比热，$J/(kg \cdot K)$；

λ——土壤热传导率，$J/(m \cdot K \cdot s)$。

由于原始热惯量模型中的参数 λ、ρ 和 c 无法直接利用遥感手段获取，Price 等提出了表观热惯量 ATI(Apparent Thermal Inertia)的概念，根据地表热量平衡方程和热传导方程，对土壤热惯量模式进行了改进，不考虑地理纬度的影响，可以用表观热惯量来近似代替真实热惯量 P，直接建立表观热惯量 ATI 与土壤含水量间的遥感统计模式，该模式表达为[31]：

$$\mathrm{ATI} = (1-\alpha)/(T_d - T_n) \tag{6-9}$$

式中　ATI——土壤表观热惯量；

α——全波段反照率，可以通过 modis 数据 1 和 2 通道反照率 CH1 和 CH2 得到；

T_d，T_n——白昼和夜晚的最高温度和最低温度，可分别用 NOAA/AVHRR 卫星通道 4 的昼夜亮温 CH4 和 NCH4 求得。

表观热惯量提出之后，常用的线性经验公式来计算土壤水分 W：

$$W = A \times \mathrm{ATI} + B \tag{6-10}$$

式中　W——某层土壤湿度；

A，B——系数。

热惯量法反演土壤墒情，需要昼夜各一次遥感影像获取昼夜地表温度，而且主要适用于裸露或者低植被覆盖度的土壤，对高植被覆盖度的土壤含水量反演效果较差。

程宇等考虑了植被覆盖现象，利用表观热惯量 ATI 和归一化植被指数 NDVI 共同反演地表土壤水分，分别建立了二元一次、二元二次和比值回归方程，得到结果如下[32]：

$$W=342.579\times \mathrm{ATI}-86.136\times \mathrm{NDVI}+9.252 \tag{6-11}$$

$$W=57.69-83\,219.88\times \mathrm{ATI}^2+5\,525.65\times \mathrm{ATI}+5\,867.7\times \mathrm{NDVI}^2-86.136\times \mathrm{NDVI} \tag{6-12}$$

$$W=54.971\times \frac{\mathrm{ATI}}{\mathrm{NDVI}}-4.488\,8 \tag{6-13}$$

式中回归相关系数分别为 0.835，0.871 和 0.836。利用两年测试的结果进行比较，如表 6-2 所示，发现 3 种方法都可以较好地得到土壤含水量，其中二元二次回归方法最好。

表 6-2　　三种回归分析方法结果对比

回归方法	决定系数(2005 年)	决定系数(2006 年)
二元一次	0.716	0.835
二元二次	0.859	0.871
ATI/NDVI 法	0.8	0.836

(2) 光谱反演方法

土壤光谱有反射光谱和发射光谱两种，容易监测并且常用到的光谱波段只有 350～2 500 nm 的反射光谱和 2.5～25 μm 的发射光谱，卫星上的遥感传感器基本上也是在这两个范围之中。前面已经叙述了土壤反射率信息和发射率信息的基本原理，这里主要介绍如何利用光谱计算土壤含水量。虽然两种光谱产生的原理差别很大，但是基于光谱的土壤含水量监测方法大致相同。在利用光谱进行土壤含水量反演之前，通常对光谱进行处理以便更好地分析光谱数据。

① 光谱处理方法

可见光—近红外波段的反射辐射和热红外波段的发射辐射，都可以光谱的形式出现，因此在光谱处理上有一定的共同方法。原始光谱是土壤信息在不同波段的表现形式，但是不同的光谱处理可以得到不同的表现形式，并且能够更加突出表现土壤中的某些特征。

常用的光谱变换方法有倒数光谱、对数光谱、一阶导数光谱等多种光谱形式参与分析建模，原始光谱可以用仪器直接测定，其他形式的光谱通过原始光谱转换计算得到，方法如下：

$$RR=1/R \tag{6-14}$$

$$LR=\lg R \tag{6-15}$$

$$LRR=\lg RR \tag{6-16}$$

$$DR=\frac{R(\lambda+1)-R(\lambda)}{\Delta\lambda} \tag{6-17}$$

式中　R——原始光谱反射率；

RR——倒数光谱反射率；

LR——对数光谱反射率；

LRR——倒数光谱的对数值；

DR——一阶导数光谱反射率。

图 6-7 举例说明了原始光谱反射率与其他变形的光谱反射率之间的关系以及表现形式，图中只给出了 R，LRR 和 DR 三种光谱形式的表现形式(以可见光—近红外波段为例)。除此之外，还可以对土壤水分光谱进行详细分析，比如，去包络线，光谱曲线形状，特征吸收峰的位置、面积、深度、宽度、弓曲差等。

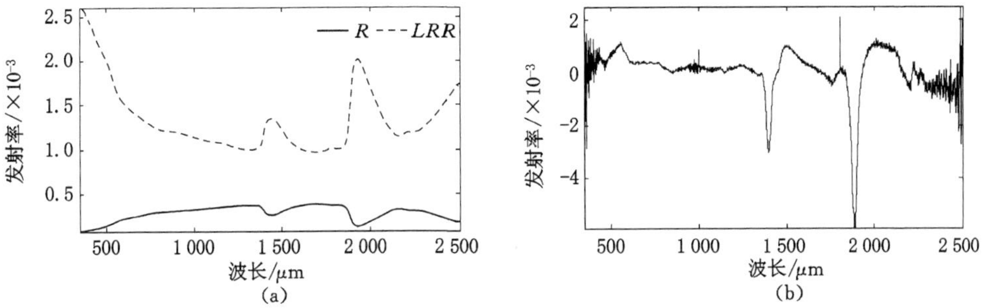

图 6-7　不同含水量时土壤光谱反射率

② 光谱指数

光谱进行预处理之后，便可以从中提取有用的土壤信息。光谱指数是一个统称，是通过一定的数学计算方法能够反映某一特定性质的光谱波段组合而构成的指数。光谱指数对特定地物的特定属性有较强的局部适用性，是针对不同地物和不同数学方法有不同的光谱指数名称，如植被指数有归一化植被指数、比值植被指数和差值植被指数等。随着高光谱遥感技术的迅猛发展，使得光谱指数法有了更多的波段选择，指数法也得到了更好的应用。指数法虽然没有物理模型的正向机理推演过程，但是仍可以从更复杂和更多不可表述的因素中找到一种高效的统计算法，也不失为一种有效的建模方法。

表 6-3　常用的光谱指数形式

光谱指数	缩写描述	公式描述
R	反射光谱	$R\lambda_1$
D	反射光谱差值	$R\lambda_1 - R\lambda_2$
SR	反射光谱比值	$R\lambda_2/R\lambda_1$
ND	反射光谱归一化	$(R\lambda_1 - R\lambda_2)/(R\lambda_1 + R\lambda_2)$
d_{R}	反射光谱导数	$\mathrm{d}R\lambda_1$
d_{D}	反射光谱导数差值	$\mathrm{d}R\lambda_1 - \mathrm{d}R\lambda_2$
d_{SR}	反射光谱导数比值	$\mathrm{d}R\lambda_2/\mathrm{d}R\lambda_1$
d_{ND}	反射光谱导数归一化	$(\mathrm{d}R\lambda_1 - \mathrm{d}R\lambda_2)/(\mathrm{d}R\lambda_1 + \mathrm{d}R\lambda_2)$

刘娅等利用差异化光谱指数(NDMI)对滨海盐渍土含水量进行预测，结果发现 2 027 nm 和1 878 nm 两个波段构建的指数是预测土壤含水量的最优指数，而且适用于任何盐渍化程度的土壤，并用实测数据证明该方法优于 PLSR 方法[33]。

$$\mathrm{NDMI}_{m,n} = \frac{R_m - R_n}{R_m + R_n} \tag{6-18}$$

式中，m 和 n 分别为 2 027 nm 和 1 878 nm。决定系数 R^2 高达 0.99；RMSE 仅为 21.84 g/kg。

S. N. Haubrock 等针对土壤表层含水量提出了新的归一化土壤水分指数(normalized difference soil moisture index，NSMI)[34]：

$$\mathrm{NSMI}=\frac{R(1\ 800\ \mathrm{nm})-R(2\ 119\ \mathrm{nm})}{R(1\ 800\ \mathrm{nm})+R(2\ 119\ \mathrm{nm})} \tag{6-19}$$

该指数是一个无量纲的数值，可以通过下面的公式来定量化土壤含水量：

$$\mathrm{NSMI}=a+b\times w_c \tag{6-20}$$

转化为土壤含水量的公式为：

$$w_c=\frac{\mathrm{NSMI}-a}{b} \tag{6-21}$$

每个变量时发现，土壤表面结皮和其他基质对 NSWI 和土壤含水量之间的关系影响并不明显，因此该指数可以作为一个野外快速估算地表或者近地表土壤含水量的新指数。除此之外，对于不同类型土壤的光谱指数很有可能不同，所以光谱指数对某一类土壤有某几个特定的波段最为敏感，在应用上有一定的局限性。

③ 数据挖掘

数据挖掘是指从大量的数据中自动搜索隐藏于其中的有着特殊关系信息的过程。高光谱数据和光谱处理方法的出现，使得数据量呈指数型增大，如何从中获取有效的信息是非常值得研究的重要课题。在漫长的数据挖掘过程中，有些方法渐渐成熟并获得了广泛应用，如多元线性回归(MLR)、偏最小二乘法(PLSR)、人工神经网络(ANN)、支持向量机(SVM)、分类回归树(CART)、随机森林(RF)等。

a. 多元回归分析(MLR)是多变量分析的基础，是用回归方程定量地刻画一个应变量与多个自变量间的线性依存关系。

b. 偏最小二乘法(PLSR)是一种多因变量 Y 对多自变量 X 的回归建模方法，该算法在建立回归的过程中，既考虑了尽量提取 Y 和 X 中的主成分(Principal Component Analysis，PCA)，又考虑了使分别从 X 和 Y 提取出的主成分之间的相关性最大化(Canonical correlation analysis，CCA)，简单地说，PLSR 是 PCA、CCA 和多元线性回归这 3 种基本算法组合的产物。

c. 人工神经网络(artificial neural network，ANN)，是由大量处理单元(神经元)广泛互连而成的网络，是对人脑的抽象、简化和模拟，反映人脑的基本特性。其中，神经元的数学模型、神经网络的连接方式以及神经网络的学习方式是决定神经网络信息处理性能的三大要素，对神经网络起着至关重要的作用。

d. 支持向量机(support vector machine，SVM)是一种基于统计学习理论的新型机器学习算法，通过某种事先选择的非线性映射，将输入向量映射到一个高维特征空间，在这个空间构造最优分类超平面的实现过程。

e. 分类回归树(classification and regression tree)，是利用二分法划分数据，分类树利用基尼指数选择最优特征和最优特征对应的划分属性值。回归树利用平方误差选择最优特征和最优特征对应的划分属性值。

f. 随机森林(random forest，RF)，是用随机的方式建立一个森林，森林由很多的决策树组成,随机森林的每一棵决策树之间是没有关联的,在得到森林之后,当有一个新的输入样本进入的时候,就让森林中的每一棵决策树分别进行一下判断,看看这个样本应该属于哪一类,然后看哪一类被选择最多,就预测这个样本为哪一类。一般情况下,随机森林随机地生成几百个至几千个分类树,然后选择重复程度最高的树作为最终结果。

机器学习与数据挖掘的方法是利用机器学习与空间数据挖掘的手段,获取和表达土壤属性与观测数据的关系,并根据这种关系推测土壤属性,是目前为止应用非常广泛的一类方法。

④ 其他方法

在研究土壤水分对土壤光谱的影响过程中,很多学者从不同的角度找到了土壤性质和光谱之间的不同规律。基于土壤水分对土壤反射率的影响,Duke 等于 1998 年得出了最优拟合方程[35]:

$$R = R_{sat} + (R_{dry} - R_{sat})e^{-cw_c} \tag{6-22}$$

式中　R_{sat}——饱和土壤含水量时的反射率;

R_{dry}——干土状态时的土壤反射率;

c——土壤水分变化速率;

w_c——土壤重量含水量。

简单的经验模型总是存在很多不确定性,D. B. Lobell 等通过室内光谱实验得出 R_{sat} 和 R_{dry} 之间的关系,将 R_{sat} 用系数 f 和 R_{dry} 来表达,式(6-22)可表达为[36]:

$$R = fR_{dry} + (1-f)R_{dry}\,e^{-cw_c} \tag{6-23}$$

由此可得,土壤含水量的计算公式为:

$$w_c = \frac{-\ln[(R - fR_{dry})/(1-f)R_{dry}]}{c} \tag{6-24}$$

Liu 等为了尽量减少土壤水分在影响土壤反射率描述上的参数,提出了相对反射率(R^*)的概念,将土壤反射率进行归一化[3]:

$$R^* = \frac{R_\theta}{R_0} \tag{6-25}$$

式中　R_θ——土壤含水量为 θ 时的土壤反射率;

R_0——干土时的反射率。

Liu 认为大多数的研究都致力于土壤反射率与土壤含水量之间的直接关系,所以它们之间的关系可以用线性和非线性的方程来表示:

$$R^* = A\theta + B \tag{6-26}$$

$$R^* = Ce^{D\theta} + E \tag{6-27}$$

式中　A,B,C,D,E——决定曲线形状的相应系数。

非线性方程(6-27)反映了比尔定律的物理过程,即光在随机同质介质中的吸收过程。由上面的方程转换为反演土壤含水量的方程为:

$$\theta = aR^* + b \tag{6-28}$$

$$\theta = d\lg(R^* + e) + c \tag{6-29}$$

为了显示方便,此处的 a、b、c、d、e 代替公式转换后的对应参数,它们可以用 A、B、C、D、E 表达出来。

基于该理论，在实验的基础上进行参数调整，如当 θ 为 0 时，R_θ 等同于 R_0，则 R^* 值为 1，据此对式(6-29)进行改进，提出了土壤含水量的反演方法：

$$\theta = a(1-R^*) \tag{6-30}$$

$$\theta = d\lg\left(\frac{R^*+e}{1+e}\right) \tag{6-31}$$

用这两种方法建立土壤含水量与土壤反射率之间的关系，结果发现在土壤水分含量较低的时候反演的精度较高，在土壤水分含量较高的时候反演精度有所降低，而且当对各种土壤统一运用时的精度也明显低于对各个土壤类型分别运用时的精度低。该方法有一定的局限性，但是对于某一特定土壤类型和土壤含水量差别不大的时候还是有一定的效果。

(3) 主动微波遥感反演

主动微波遥感是通过雷达主动发射脉冲信号来测量地表的后向散射系数，该系数由地表粗糙度和土壤介电常数决定。土壤水分是土壤介电常数的主要影响因素，在消除地表粗糙度的作用下，可以利用后向散射系数反演土壤含水量。主动微波遥感中，对裸土土壤含水量的反演研究比较多，常用的模型有 Oh 模型、Dobson 模型、Shi 模型、Kirchhoff 模型(物理光学模型、几何光学模型以及小扰动模型)和积分方程模型(Integral Equation Model, IEM)。这些模型都是针对裸地为基本条件建立起来的，经过适当修正也可以适用于稀疏植被覆盖的地表，而对于高植被覆盖的地表，需要考虑消除植被层对雷达后向散射的影响，目前较常用的模型有水—云模型和 MIMICS 模型[37]。

雷达是一种主动微波遥感系统，雷达天线发射微波能量脉冲，经过地表反射或散射，其中一部分能量返回天线作为判别地表特性的信号。不同含水量土壤的介电特性不同，雷达的回波信号也不同，据此可以建立后向散射系数和土壤含水量之间的关系。雷达发射的脉冲是可控频率和能量，所以主动微波遥感数据的空间分辨率较高，也导致了数据量大，数据处理复杂，对土壤表面粗糙度和地表状态比较敏感，更适合小尺度反演。

田国良等获取河南封丘地区的 X 波段机载合成孔径雷达的水平极化图像，并对地表 22 个样点监测了土壤体积含水量，将雷达图像用 CCD 相机数字化后，处理后的图像灰度正比于后向散射系数，并与土壤体积含水量有如下关系[38]：

$$G = 74.26 + 3.509\, M_V \tag{6-32}$$

式中 G——图像的相对灰度；

M_V——土壤体积含水量的百分比。

同时也获得了图像灰度和土壤水分占田间持水量百分比的关系：

$$G = 31.23 + 1.808\, M_f \tag{6-33}$$

式中 M_f——土壤水分占田间持水量的百分比，该表达式可以消除土壤质地的影响。

(4) 被动微波遥感反演

被动遥感是不向探测物体主动发射微波信号，利用微波辐射计或微波散射计等传感器接收自然状况下地面反射和发射的微波。由于被动微波传感器获取的亮度温度与地表发射率有关，而地表发射率受介电常数的影响，介电常数又与土壤水分紧密联系，利用这一关系便能反演地表土壤水分。微波对地遥感观测具有全天时、全天候、多极化的特点，其对下垫面一定程度的穿透性能探测地表 0～5 cm 的表层土壤水分。同时微波的穿透性使得其还能够探测到植被下层的土壤水分。因此 被动微波遥感成为更高效、更合适的土壤水分监测手段。根据反演的方式不同，土壤水分反演算法大致可分为3种：直接统计的经验算法、基于正向模型的反演算法、基于神经网络的反演算法[39]。

① 基于统计的反演方法。

该方法是通过一系列的观测数据作统计分析，建立遥感参数和地面观测数据之间的统计关系。这种方法理论基础不完备，缺乏对物理机制的理解和认识，数据间缺少逻辑关系，但是在局地有较强的适应性，简单快捷，具有一定的应用价值。20世纪70年代初，T. Schmugge等进行了航空微波辐射计实验，并同步观测了15 cm土壤湿度，数据分析得出了亮度温度与土壤湿度之间的统计关系，在一定的范围和地表条件下验证有效[40]。T. Pellarin等基于全球的L波段模拟的亮温数据对土壤水分进行反演，反演结果可以表示为由不同角度和双极化计算处理的微波指数的线性组合，最终得到全球土壤水分反演效果图[41]。另外还有学者引入前期降雨指数API(Ancedented Precipitation Index)和微波极化差指数MPDI(Microwave Polarization Difference Index)等土壤湿度指示因子，建立了土壤亮温与API、MPDI之间的线性关系，从而反演土壤水分[42-43]。

② 基于正向模型的反演算法。

正向模型是描述遥感过程中从电磁波传播路径中提取特征参数和传感器所接受的电磁信号之间的关系模型。微波遥感的过程是随机地表的微波辐射经过地表植被、大气等介质传到传感器的整个过程，该模型输入的是地表的各个参数，输出的是传感器所观测的辐射特性。这种模型中包含较多的未知参数，大多数模型不能求出其反函数的解析表达式，因此要由辐射观测值得到地表参数，需要借助数据统计方法进行迭代反演。即开始时输入地表参数初始值，通过辐射传输方程模拟卫星观测亮温，在改定的观测条件下(即观测角、极化和频率参数的组合)，将模拟亮温与观测的实际亮温的加权差方和作为代价函数，通过一定的数学方法求解代价函数达到最小时的地表参数值[44]，此时的地表参数则为反演值。

$$T_B = \phi(x_1, x_2, \cdots, x_k; s_{1i}, s_{2i}, \cdots, s_{ki}) + \varepsilon \tag{6-34}$$

式中，S_{ki}是不同传感器的配置参数，代表相对应的观测条件；ε是正向模型得到的输出值和亮温观测值之间的残差。

模型反演就是寻找遥感观测和遥感正向模型输出差异ε最小时模型输入参数x作为反演结果。这个过程一般都要构建代价函数，选择各种最优化算法来完成，因此正向模型反演的方法一般分为两步：一是选择一种正向模型；二是选择最优化算法。

正向模型以辐射传输方程为基础，目前大多数的正向模型都建立在零阶模型$\omega—\tau$模型的基础上，求解代价函数的数学迭代方法，如quasi-Newton，Levenberg-Marquardt等。目前基于正向模型的反演算法已成为反演土壤水分的主流算法，如E. G. Njoku等基于$\omega—\tau$辐射传输方程，建立正向模型，利用Levenberg-Marquardt迭代法迭代求解土壤水分等参数，此算法已作为AMR-E反演土壤水分的基础算法[44]。

$$\chi^2 = \sum_{i=1}^{A} \left[\frac{T_{Bi}^{obs} - \varphi_i(x)}{\sigma_i} \right]^2 \tag{6-35}$$

式中　T_{Bi}^{obs}——i通道观测的地表亮温；

$\varphi_i(x)$——正向模型；

x——要反演的地表参数；

σ_i——i 通道的亮温观测误差，式中作为分母是为了协调每一个通道对参数的敏感性。对不同的反演问题来说，需要选择的模型和迭代方法都不一定相同。

③ 基于神经网络反演方法。

神经网络反演算法具有很多传统方法不具备的特点，它不涉及特别复杂的反演算法，不依赖物理正向模型，直接通过其自组织连接，捕捉到很复杂的非线性关系。该方法是通过物理过程直接反演，需要以遥感观测值为输入，以要反演的地表参数为输出。这里是将地表参数和微波辐射之间看成一个非常复杂的非线性关系，要先通过正向模型选择一个合适的输入和输出数据集，然后以该数据集为基础，训练神经网络得到与正向模型相同的模型，最后就可以通过输入观测的亮温值，输出土壤水分值。例如，Liu(2002)等已经通过微波辐射计观测值在 1.4 GHz 和 10.65 GHz 利用神经网络进行了土壤水分的反演[3]。

神经网络也存在一定的问题，首先是输入参数之间的相关性必须非常小，否则训练结果会有很大误差，再次是对涉及的参量数目较多的正向模型很难得到满意的训练数据集，最后神经网络的训练算法和结构也是训练成功的重要因素[39]。

(5) 作物缺水指数法

在有植被覆盖时，遥感直接监测土壤水分是一个复杂且困难的工作。基于水分循环和能量平衡，间接构造作物缺水指数是一个可行的方法。作物缺水指数(crop water stress index，CWSI)是由 Jackson 于 1981 年以作物冠层热量平衡为基础提出来的，是以植物叶冠表面温度(T_c)和周围空气温度(T_a)的差值，以及太阳净辐射值演算而来，实质上反映了植物蒸腾与最大可能蒸发的比值[45]。在较均一的环境条件下，把作物缺水指数与平均日蒸发量联系起来，作为植物根部土壤水分状况的估算指标。作物缺水指数定义为：

$$\mathrm{CWSI} = 1 - \frac{E}{E_p} = \frac{V[1 + r_c(r_{ac} + r_{bh})] - r^* \Delta + V(1 + r_c)}{r_{ac} + r_{bh}} \tag{6-36}$$

$$r^* = V[1 + r_{cp}/(r_{ac} + r_{bh})] \tag{6-37}$$

式中 E——实际蒸散，mm；

E_p——潜在蒸散，mm；

V——干湿球常数，Pa/℃；

r_{ac}——修正空气动阻力，s/m；

r_{bh}——剩余阻力，s/m；

Δ——饱和水汽压与温度关系的斜率；

r_c——作物冠层阻力，s/m；

r_{cp}——潜在蒸散时的冠层阻力，s/m。

该公式有较强的机理性，适合基于冠层温度和微气象条件研究土壤水分状况。在植被覆盖度较大的情况下，作物缺水指数法精度高于热惯量法，但是算法比较复杂，而且对地面气象站有很大的依赖性，不能保证数据的实时性。另外，作物缺水指数与作物吸取土壤水分有关，但又不是它的唯一函数，所以说它与土壤水分仍然是一个非常复杂的关系，还需要深入研究根系吸收土壤水分模型，分析其与作物缺水指数的内在联系才能获得更好的效果。

田国良等利用 NOAA 遥感数据和气象站资料计算了河南省中北部的 72 个县的 CWSI

分布图，并与气象站观测的土壤水分数据（5～50 cm 土壤重量含水量的平均值）建立联系，反映了根系土壤的水分状况[4]：

$$SM=21.3-15.2CWSI \tag{6-38}$$

当 CWSI 为 0 时，土壤含水量为 21.3%，作物有充分的土壤水分供应；当 CWSI 为 1 时，土壤含水量为 6.1%，表面作物严重缺水，接近凋萎。

（6）植被供水指数法

当植被供水正常时，植被指数在一定的生长期内保持在一定的范围，卫星传感器接收到的植被冠层温度也保持在一定的范围内。若遇到干旱天气，植被供水不足，植被生长就会受到影响，植被指数也将降低，同时植被冠层的温度会升高。基于植被指数、地表温度土壤水分这三者的关系，T. N. Carlson 等提出了植被供水指数（vegetation supply water index，VSWI）为[46]：

$$VSWI=NDVI/T_s \tag{6-39}$$

式中　NDVI——归一化植被指数；

T_s——植被冠层温度。

VSWI 值越小说明植被受干旱胁迫越严重，土壤水分越少，该方法在植被生长前期覆盖度较高的时候比较有效。

刘丽等利用 NOAA 数据建立了 VSWI 指数监测贵州干旱情况，发现 VSWI 的监测效果较好，尤其在植被覆盖度常年较高的区域。植被公式指数常被用来作为干旱的综合指标，由于 VSWI 与植被长势等情况有关，根据 VSWI 分布图和实际干旱区域对比做出了两个时期的干旱指标[47]。

表 6-4　　基于植被供水指数的干旱综合指标(1995 年，贵州)[12]

干旱等级	指标 VSWI	
	8 月 1 日	11 月 8 日
无旱	VSWI<13	VSWI≤18
轻旱	13≤VSWI≤14	19≤VSWI≤20
中旱	15≤VSWI≤16	VSWI=21
重旱	17≤VSWI≤43	22≤VSWI≤63

梁芸等利用庆阳市的 MODIS 数据和土壤相对湿度资料，拟合了植被供水指数和土壤湿度之间的关系[48]：

$$SW=45.977VSWI+0.0211 \tag{6-40}$$

式中　SW——土壤相对湿度，精度为 $R^2=0.47$，样本数为 46。

贺俊杰等在锡林郭勒地区利用 EOS/MODIS 卫星数据和 13 个监测站的 0～10 cm 土壤相对湿度数据，建立了植被供水指数与土壤相对湿度的关系[49]：

$$SW=80.36-1.34VSWI \tag{6-41}$$

式中　SW——土壤相对含水量，精度为 $R^2=0.5206$，$P<0.01$，样本数为 36。

植被供水指数适用于植被生长季大范围的干旱监测，通过动态监测可以及时准确地掌握土壤水分状况和旱情趋势监测，为政府决策提供依据和数据支持。但是植被供水指数中对干旱等级的划分具有一定的主观性，与气候条件、下垫面状况、季节变化和研究地点有很大的关系，需要进一步深入研究探讨更客观的干旱分级方法。

(7) 温度—植被指数法

地表温度是土壤湿度状况的一个表征信息，植被指数则提供了绿色植被的生长状况和覆盖度信息，二者结合可为区域土壤湿度监控提供有效途径。

刘良云等通过 LST-NDVI 特征空间对地表植被覆盖和土壤水分含量进行了分类，为了进一步定量分析土壤水和植被指数、表面温度之间的关系，提出了土壤水分和植被指数、表面温度的相关模型[50]：

$$f(\mathrm{VI},T)=x_1+x_2\,\mathrm{e}^{VI}+x_3\left(\frac{T-T_{\mathrm{air}}}{T_{\mathrm{soil}}-T_{\mathrm{air}}}\right) \tag{6-42}$$

式中 VI——植被指数；

T——植被表面温度；

T_{air}，T_{soil}——地表空气温度和干燥土壤表面温度；

x_1，x_2，x_3——待定系数。

在他们的实验中，x_1 为−0.009 2，x_2 为 0.027 7，x_3 为 0.023 5(精度为 $R^2=0.634$)，能够广泛应用于农田、森林和草场等地块的土壤水分反演。

柳钦火等给出了植被指数与地表温度的关系，认为地表植被从裸土到密闭植被冠层，土壤湿度从干旱到湿润时，则该地表每个区域的植被指数和地表温度组成的散点图应该呈现为梯形(图 6-8)，理论上干边 AD 的土壤含水量为 0，湿边 BC 的土壤含水量为田间持水量，即相对含水量为 100%[51]。

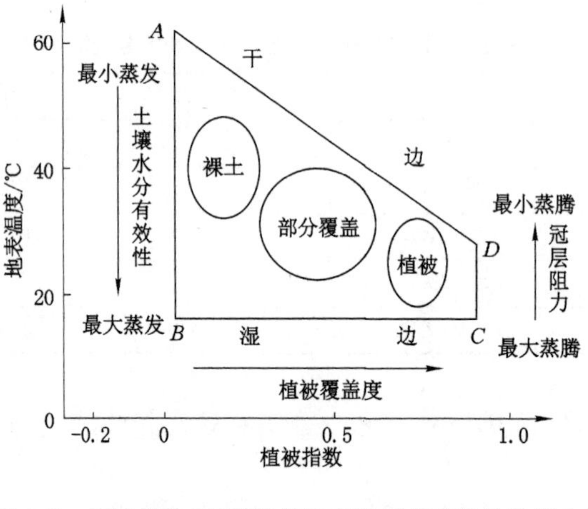

图 6-8 植被指数(NDVI)与地表温度(LST)的特征空间

为了估算土壤含水量，建立了 LST/NDVI 斜率与土壤相对含水量的定量关系：

$$\mathrm{RSM}=a_1+a_2\sigma \tag{6-43}$$

式中 RSM——土壤相对含水量；

σ——LST/NDVI 直线的斜率；

a_1，a_2——待定系数。

笔者利用全国 102 个固定农业观测站数据，累计了 1982～1993 年的观测数据，分析了土壤湿度与 LST/NDVI 斜率的关系，最终确定 a_1 为 103.61，a_2 为 1.836，精度为 $R^2=0.78$，$P<0.01$。由于观测点多数位于农田，土壤湿度一般较高，所以该结果更适合于土壤湿度较高的情况，土壤含水量较低的情况下 LST/NDVI 直线的斜率与土壤湿度的关系还有待考察。

另外，笔者还认为土壤水分有效性，即土壤相对含水量更合理，土壤有效含水量=(实际含水量－萎蔫含水量)/(田间持水量—萎蔫含水量)，而且遥感反演得到的结果与地面实测较为接近。

(8) 干旱指数法

绿色植被在红光波段有较强的吸收特性，在近红外波段有较强的反射特性，而土壤在红光和近红外波段的反射率均随着土壤水分含量的增加而降低。Ghulam 等利用红光和近红外波段反射率在 NIR-RED 光谱特征空间的分布规律，发展了垂直干旱指数(PDI)和修正的垂直干旱指数(MPDI)，用于监测土壤湿度[52-53]。

图 6-9 为 NIR-RED 光谱特征空间示意图，O 点的植被覆盖度最高，生物量最大，$L_{soil-line}$ 表示土壤线，像元 P_i 到土壤线的距离 P_iE 定义为垂直植被指数 PVI，PVI 越大表示植被覆盖度与生物量等参数越大[54]。L 为过原点且垂直于土壤线的直线，像元 P_i 到直线 L 的距离定义为 PDI，表达式如下所示，PDI 越大土壤含水量越低。

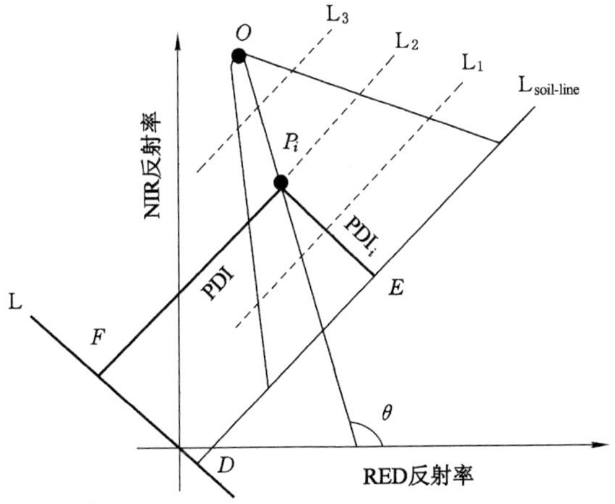

图 6-9　NIR-RED 光谱特征空间示意图

$$PDI=\frac{R_{red}+KR_{nir}}{\sqrt{K^2+1}} \tag{6-44}$$

式中　R_{red}——红光反射率；

R_{nir}——近红外反射率；

K——土壤线斜率。

但是 PDI 只适用于裸土或者低植被覆盖区域，不适合高植被覆盖区的土壤水分监测，因此发展了 MPDI，公式如下：

$$MPDI=\frac{R_{red\text{-}s}+KR_{nir\text{-}s}}{\sqrt{K^2+1}} \tag{6-45}$$

式中　$R_{red\text{-}s}$——裸露土壤红光波段反射率；

$R_{nir\text{-}s}$——近红外波段反射率。

如果假设混合像元只包含植被和土壤两个端元，那么根据混合像元线性分解公式，红光与近红外波段反射率分布可用下列公式表达：

$$R_{red} = R_{red\text{-}v} f_v + (1 - f_v) R_{red\text{-}s} \tag{6-46}$$

$$R_{nir} = R_{nir\text{-}v} f_v + (1 - f_v) R_{nir\text{-}s} \tag{6-47}$$

式中 $R_{red\text{-}v}$——植被红光波段反射率；

$R_{nir\text{-}v}$——植被近红外波段反射率；

f_v——植被覆盖度。

则 MPDI 可以写成：

$$\text{MPDI} = \frac{R_{red} + K R_{nir} - f_v (R_{red\text{-}v} + K R_{nir\text{-}v})}{(1 - f_v)\sqrt{K^2 + 1}} \tag{6-48}$$

而根据文献[55]，植被覆盖度可以表示为：

$$f_v = 1 - \left(\frac{\text{NDVI}_{max} - \text{NDVI}}{\text{NDVI}_{max} - \text{NDVI}_{min}}\right)^{0.6175} \tag{6-49}$$

式中 NDVI_{max}——研究区最大 NDVI 值；

NDVI_{min}——最小 NDVI 值。

在植被覆盖较高的区域，MPDI 的监测精度高于 PDI，但是 MPDI 的结果仍然是土壤湿度相对值。E. Muller 等研究指出，土壤红光或近红外波段光谱反射率与土壤湿度之间呈指数关系[56]：

$$R_{red\text{-}s} = a_1 \exp(a_2 \text{SMC}) \tag{6-50}$$

$$R_{nir\text{-}s} = b_1 \exp(b_2 \text{SMC}) \tag{6-51}$$

式中 a_1, a_2, b_1, b_2——拟合系数。

在 NIR-RED 光谱特征空间中，直线 OP_i 的斜率(k_v)计算公式为：

$$k_v = \frac{R_{nir\text{-}o} - R_{nir}}{R_{red\text{-}o} - R_{red}} \tag{6-52}$$

其中，$R_{red\text{-}O}$ 和 $R_{nir\text{-}O}$ 分别是特征空间顶点 O 的红光和近红外波段反射率。综合以上公式可以得到：

$$k_v = \frac{R_{nir\text{-}O} - R_{nir\text{-}v} f_v + (1 - f_v) \times b_1 \times \exp(b_2 \text{SMC})}{R_{red\text{-}O} - R_{red\text{-}v} f_v + (1 - f_v) \times a_1 \times \exp(a_2 \text{SMC})} \tag{6-53}$$

O 点认为是纯植被像元区，即植被覆盖度最高，生物量最大的像元，那么 O 点的红光与近红外波段反射率分别等于植被红光与近红外波段反射率，即 $R_{red\text{-}v} = R_{red\text{-}O}$，$R_{nir\text{-}v} = R_{nir\text{-}O}$，因此 k_v 可以简化为：

$$k_v = \frac{R_{nir\text{-}v} - b_1 \exp(b_2 \text{SMC})}{R_{red\text{-}v} - a_1 \exp(a_2 \text{SMC})} \tag{6-54}$$

可以看出，SMC 可以不受植被覆盖度影响，与 k_v 呈负相关关系，k_v 为小于 0 的数值。

为了便于计算分析，高中灵将 k_v 转化为 OP_i 与红光反射率轴的夹角(θ)，在此基础上构建新型土壤水分反演模型 ADI(Angle dryness index)，则计算公式为[57]：

$$\theta = \pi + \arctan k_v \tag{6-55}$$

发现该公式与土壤水分密切相关，但是独立于植被覆盖度。ADI 模型是在假设混合像元只包含土壤和植被两种端元的基础上构建，对破碎化较大的地表还需要进一步研究。

6.2.2　设施作物土壤墒情监测方法

遥感的一个重要特点是能够综合反映地表信息，在有单一农作物影响的情况下，可以通过一些技术方法排除作物干扰而得到土壤表面水分信息。但是对于设施作物来说，基础设施的存在很大程度上截断了传感器感应土壤的途径，遥感的大面积观测等特点已然失效，只能采用小范围的人工或者自动监测。在小范围内的监测土壤水分时对空间和时间分辨率要求较高，空间分辨率较小的航天和航空平台便不能满足需要，只能用地面平台为主的传感器。另外，如果实现无人监管和传感器自动操作，则需要固定的地面高架平台。

6.2.2.1　基于遥感传感器的土壤墒情监测

适宜于地面使用的土壤水分监测的遥感仪器主要有全波段高光谱仪（可以远距离获取土壤的反射率信息）、热红外成像仪（以非接触的成像方式获得一定面积内温度的空间分布以及时间变化状况）、红外波谱仪（获取高精度红外波谱辐射信息的精密仪器，可以获得土壤的发射率信息）、微波辐射计（获取地物微波辐射信息，经过处理可以识别地物）、微波网络分析仪（利用微波网络仪可以测量获得物质的反射系数，然后再根据经过定标后的反演共轴探头模型，通过相关计算软件就可计算物质的介电常数）。另外，数码相机也是监测土壤水分信息的重要工具之一[58]。

上述这些传感器都可以应用于设施作物中，监测设施作物的土壤水分信息。从实际操作和应用方面来说，人为操作传感器监测土壤水分信息的效率不如直接用土壤水分探测仪得到的结果更加准确和快捷。因此，传感器更适合于设施作物的长期定位观测。其观测步骤应该分为以下几个部分：

（1）选择具有代表性的观测点。设施作物的土壤水分主要依靠人工灌溉来实施，通常有喷灌、滴灌、漫灌等。人工灌溉通常会尽量保持土壤水分均匀分布，空间差异较小，但是也不乏由于土壤表面粗糙度和作物而导致的土壤水分空间分布不均匀。选择的观测点要能够反映整个设施作物区域的土壤水分状况，这样才能对设施农田做出正确的水分管理决策。

（2）传感器固定。确定好观测点之后，框定需要观测的区域，根据传感器的观测视场角、形状和所需配置，确定传感器高度和观测角度。供电设备的连接、传感器的固定和防护都需要做合理布置。

（3）信息接收和处理。传感器可以正常测量时，我们可以接收传感器收集的遥感信息，进行分析处理得到相对应的土壤含水量信息。开发一个软件，记录并处理原始遥感信息，并将分析出的土壤水分信息及时显示。考虑到土壤含水量一般不会在短时间内剧烈变化，因此可以考虑对土壤含水量的测试时间间隔设置为半个小时或者更长时间。

（4）土壤墒情报警与自动管理。设置土壤水分的最高值和最低值，当土壤含水量超过该阈值时进行报警明示，或者直接进行自动灌溉和停止灌溉，实现设施作物土壤水分的自动管理。

在设施农业中使用遥感仪器毕竟比较昂贵，而且使用环境单一，不能最大化发挥其使用价值。针对设施作物的遥感仪器需要体积小，小功耗的连续监测和配备的数据采集系统，但是可以利用遥感图像处理技术，结合监控图像可以较方便得到。现有的可用于设施作物的小功耗仪器应该是监控设备，可以为土壤水分信息提取提供持续的原始数据，这一猜测仍然需要进一步的验证。

6.2.2.2 土壤墒情监测系统

遥感传感器主要监测地表土壤的水分状态,对植被根系所能达到的较深层的土壤水分监测较为困难。相较于遥感传感器,直接接触土壤的土壤水分自动监测仪器更适用于设施农业的土壤含水量监测。

澳作生态仪器有限公司研发出来的 ENVIdata 数字化生态站管理系统是基于传感器的监测,不仅可以测量土壤剖面的水分、温度和电导率,还可以采集气象和作物参数,如风速风向、辐射、作物温度等,实现了农田小气候的全方位观测。ENVIdata 数字化生态站管理系统,数据采集器通过网线、无线数据传输或 GPRS 将数据传到数字化生态站管理系统,不能远程传输的数据可以人工输入或导入系统,提供了水、土、气、作物的综合数据,为作物灌溉管理提供理论依据。

墒情监测是确定作物水分生产率、制定灌溉定额、实现灌溉预报的基础工作。土壤墒情的时间和空间变异性很大,监测点的位置和数量直接影响灌溉时间和灌溉量。ENVIdata 土壤墒情与旱情监测管理系统通过集合土壤、作物、气象数据,实现区域墒情监测和分析,已成为提高灌溉预报水平的必要工具。另外,该系统不仅可以得到不同土壤剖面的水分信息,还能获取土壤温度和土壤电导率,甚至包括其他植被信息,如植被株高、温度和液流等。

综上所述,设施农业中监测土壤水分变化状态可以使用昂贵精密的遥感仪器,常用的土壤水分监测仪器也基本可以满足,同时可以配备其他监测仪器,同步获取土壤盐分和养分等重要信息。与遥感设备相比,该系统的缺点:一是每个仪器都只有特定的功能,需要监测多个指标时需要更多的设备,而遥感设备获取的土壤信息可以间接反映土壤中更多的理化性质;二是系统可以监测一定深度的土壤性质,而遥感方法只能监测表面信息,对地下的土壤信息不能获取。

6.3 本章小结

本章主要介绍了土壤墒情遥感监测机理和监测方法。利用土壤水分遥感模型来监测地表土壤水分,更多的还是针对地表土壤水分,深层土壤水分反演是目前遥感研究的一个难点,多源遥感数据和数据库结合是土壤水分遥感监测的发展趋势。对于设施农业来说,开发一些小型土壤墒情遥感监测仪器实现实时监测和自动控制是未来的发展方向。

参考文献

[1] BOWERS S A, HANKS R J. Reflection of radiant energy from soils[J]. Soil Science, 1965,100(2): 130-138.

[2] BOWERS S A, SMITH S J. Spectrophotometric Determination of Soil-Water Content [J]. Soil Science Society of America Journal, 1972, 36(6): 978-980.

[3] LIU W D, BARET F, GU X F, et al. Relating soil surface moisture to reflectance [J]. Remote Sensing of Environment, 2002,81(2): 238-246.

[4] 田国良.土壤水分的遥感监测方法[J].环境遥感,1991(2):89-98.
[5] 姚艳敏,魏娜,唐鹏钦,等.黑土土壤水分高光谱特征及反演模型[J].农业工程学报,2011,27(8):95-100.
[6] SALISBURY J W, DARIA D M. Emissivity of Terrestrial Materials in the 8-14 Mu-M Atmospheric Window[J]. Remote Sensing of Environment, 1992,42(3): 83-106.
[7] SALISBURY J W, DARIA D M. Emissivity of Terrestrial Materials in the 3-5-Mu-M Atmospheric Window[J]. Remote Sensing of Environment, 1994(47): 345-361.
[8] 刘志明.利用气象卫星信息遥感土壤水分的探讨[J].遥感信息,1992(1):21-23.
[9] 徐军.基于热红外辐射特征的土壤水分含量估算模型实验研究[D].南京:南京师范大学,2008.
[10] SANDHOLT I, RASMUSSEN K, ANDERSEN J. A simple interpretation of the surface temperature/vegetation index space for assessment of surface moisture status [J]. Remote Sensing of Environment, 2002(79): 213-224.
[11] ULABY F T, BATLIVALA P P, DOBSON M C. Microwave Backscatter Dependence on Surface-Roughness, Soil-Moisture, and Soil Texture . 1. Bare Soil[J]. IEEE Transactions on Geoscience and Remote Sensing, 1978,16(4): 286-295.
[12] BERNARD R, MARTIN P H, THONY J L, et al. C-band radar for determining surface soil moisture[J]. Remote Sensing of Environment, 1982,12(3):189-200.
[13] PRÉVOT L, CHAMPION I, GUYOT G. Estimating surface soil moisture and leaf area index of a wheat canopy using a dual-frequency (C and X bands) scatterometer [J]. Remote Sensing of Environment, 1993,46(3): 331-339.
[14] ULABY F T, CIHLAR J, MOORE R K. Active microwave measurement of soil water content[J]. Remote Sensing of Environment,1974(3): 185-203.
[15] OH Y, SARABANDI K, ULABY F T. An empirical model and an inversion technique for radar scattering from bare soil surfaces[J]. IEEE Transactions on Geoscience and Remote Sensing, 1992,30(2): 370-381.
[16] YISOK O, YOUNG-MI J, SARABANDI K. Full-wave analysis of microwave scattering from short vegetation: an investigation on the effect of multiple scattering[J]. IEEE Transactions on Geoscience and Remote Sensing, 2002, 40(11): 2522-2526.
[17] ULABY F T, DUBOIS P C, VAN ZYL J. Radar mapping of surface soil moisture [J]. Journal of Hydrology, 1996(184): 57-84.
[18] SHI J C, WANG J, HSU AY, et al. Estimation of bare surface soil moisture and surface roughness parameter using L-band SAR image data[J]. IEEE Transactions on Geoscience and Remote Sensing, 1997,35(5): 1254-1266.
[19] ZRIBI M. Surface soil moisture estimation from the synergistic use of the (multi-incidence and multi-resolution) active microwave ERS Wind Scatterometer and SAR data [J]. Remote Sensing of Environment, 2003, 86(1): 30-41.
[20] ATTEMA E P W, ULABY F T. Vegetation modeled as a water cloud[J]. Radio Science, 1978(13):357-364.

[21] ULABY F T, SARABANDI K, MCDONALD K, et al. Michigan microwave canopy scattering model[J]. International Journal of Remote Sensing, 1990(11): 1223-1253.
[22] KARAM M A, AMAR F, FUNG A K, et al. A microwave polarimetric scattering model for forest canopies based on vector radiative transfer theory[J]. Remote Sensing of Environment, 1995, 53(1): 16-30.
[23] RAMOS-MARTÍNEZ J, ORTEGA A A, MCMECHAN G A. 3-D seismic modeling for cracked media: Shear-wave splitting at zero-offset[J]. Geophysics, 2000; 65(1): 211-221.
[24] 韩念龙，陈圣波，汪自军，等. 被动微波反演裸露区土壤水分综述[J]. 吉林大学学报(地球科学版)，2007(s1)：160-164.
[25] 马媛. 新疆土壤湿度的微波反演及应用研究[D]. 乌鲁木齐：新疆大学，2007.
[26] ULABY F T, BRADLEY G A, DOBSON M C. Microwave Backscatter Dependence on Surface-Roughness, Soil-Moisture, and Soil Texture. 2. Vegetation-Covered Soil [J]. IEEE Transactions on Geoscience and Remote Sensing, 1979, 17(2): 33-40.
[27] MORAN M S, PETERS-LIDARD C D, WATTS J M, et al. Estimating soil moisture at the watershed scale with satellite-based radar and land surface models[J]. Canadian Journal of Remote Sensing, 2004, 30(5): 805-826.
[28] SHI J, GUO P, ZHAO T, et al. Soil Moisture downscaling algorithm for combining radar and radiometer observations for SMAP mission[C]. IEEE General Assembly and Scientific Symposium[s. l.]: [s. n.], 2014.
[29] 肖斌，沙晋明. 土壤水分遥感反演方法概述[J]. 遥感信息，2007(6)：94-98.
[30] 汪潇，张增祥，赵晓丽，等. 遥感监测土壤水分研究综述[J]. 土壤学报，2007，44(1)：157-163.
[31] PRICE J C. The Potential of Remotely Sensed Thermal Infrared Data to Infer Surface Soil-Moisture and Evaporation [J]. Water Resources Research, 1980, 16(4): 787-795.
[32] 程宇. 考虑植被覆盖和热辐射方向性的热惯量法土壤水分反演研究[D]. 北京：中国科学院研究生院(遥感应用研究所)，2006.
[33] 刘娅，潘贤章，王昌昆，等. 基于差异化光谱指数的盐渍土水分含量预测 1——以滨海盐土为例[J]. 土壤，2016，48(2)：381-388.
[34] HAUBROCK S N, CHABRILLAT S, LEMMNITZ C, et al. Surface soil moisture quantification models from reflectance data under field conditions[J]. International Journal of Remote Sensing, 2008, 29(1): 3-29.
[35] DUKE. Crop reflectance estimate errors from the SAIL model due to spatial and temporal variability of canopy and soil characteristics[J]. Remote Sensing of Environment, 1998, 66(3): 286-297.
[36] LOBELL D B, ASNER G P. Moisture effects on soil reflectance[J]. Soil Science Society of America Journal, 2002, 66(3): 722-727.
[37] 李森. 基于 IEM 的多波段、多极化 SAR 土壤水分反演算法研究[D]. 北京：中国农业科

学院，2007.

[38] 田国良. 黄河流域典型地区遥感动态研究[J]. 遥感技术与应用，1990，5(2)：25-32.

[39] 钟若飞，郭华东，王为民. 被动微波遥感反演土壤水分进展研究[J]. 遥感技术与应用，2005，20(1)：49-57.

[40] SCHMUGGE T, GLOERSEN P, WILHEIT T, et al. Remote sensing of soil moisture with microwave radiometers[J]. Journal of Geophysical Research, 1974, 79(2): 317-323.

[41] PELLARIN T, CALVET J C, WIGNERON J P. Surface soil moisture retrieval from L-band radiometry: a global regression study[J]. IEEE Transactions on Geoscience and Remote Sensing, 2003, 41(9): 2037-2051.

[42] AHMED N U. Estimating soil moisture from 6.6 GHz dual polarization, and/or satellite derived vegetation index[J]. International Journal of Remote Sensing, 1995, 16(4): 687-708.

[43] PALOSCIA S, MACELLONI G, SANTI E, et al. A multifrequency algorithm for the retrieval of soil moisture on a large scale using microwave data from SMMR and SSM/I satelites [J]. IEEE Transactions on Geoscience and Remote Sensing, 2001, 39(8): 1655-1661.

[44] NJOKU E G, LI L. Retrieval of land surface parameters using passive microwave measurements at 6-18 GHz[J]. IEEE Transactions on Geoscience and Remote Sensing, 1999, 37(1): 79-93.

[45] JACKSON R D, IDSO S B, REGINATO R J, et al. Canopy temperature as a crop water stress indicator[J]. Water Resources Research, 1981, 17(4): 1133-1138.

[46] CARLSON T N, GILLIES R R, PERRY E M. A method to make use of thermal infrared temperature and NDVI measurements to infer surface soil water content and fractional vegetation cover[J]. Remote Sensing Reviews, 1994, 9(1): 161-173.

[47] 刘丽，周颖，杨凤，等. 用遥感植被供水指数监测贵州干旱[J]. 贵州气象，1998(6)：17-21.

[48] 梁芸，张峰，韩涛. 利用 EOS/MODIS 植被供水指数监测庆阳地区的土壤湿度[J]. 干旱气象，2007，25(1)：44-47.

[49] 贺俊杰，王英舜，李云鹏，等. 利用 EOS/MODIS 植被供水指数监测锡林郭勒地区土壤湿度[J]. 中国农业气象，2013，34(2)：243-248.

[50] 刘良云，张兵，郑兰芬，等. 利用温度和植被指数进行地物分类和土壤水分反演[J]. 红外与毫米波学报，2002，21(4)：269-273.

[51] 柳钦火，辛景峰，辛晓洲，等. 基于地表温度和植被指数的农业干旱遥感监测方法[J]. 科技导报，2007，25(6)：12-17.

[52] GHULAM A, QIN Q, TEYIP T, et al. Modified perpendicular drought index (MPDI): a real-time drought monitoring method[J]. ISPRS Journal of Photogrammetry and Remote Sensing, 2007, 62(2): 150-164.

[53] GHULAM A, QIN Q, ZHAN Z. Designing of the perpendicular drought index[J].

Environmental Geology, 2007, 52(6):1045-1052.
[54] RICHARDSON A J, WIEGAND C L. Distinguishing Vegetation from Soil Background Information[J]. Photogrammetric Engineering & Remote Sensing, 1978 (43): 1541-1552.
[55] BARET F, JGPW C, STEVEN M D. The Robusteness of canopy gap fraction estimates from red and near-infrared reflectances: a comparison of approaches[J]. Remote Sensing of Environment, 1995,54(2): 141-151.
[56] MULLER E, DÉCAMPS, H. Modeling soil moisture-reflectance[J]. Remote Sensing of Environment, 2001,76(2): 173-180.
[57] 高中灵,王建华,郑小坡,等. ADI 土壤水分反演方法[J]. 光谱学与光谱分析,2016,36(5):1378-1381.
[58] PERSSON M. Estimating surface soil moisture from soil color using image analysis [J]. Vadose Zone Journal, 2005,4(4): 1119-1122.